人工智能
ChatGPT+Excel
办公应用从入门到精通

柏先云

—— 编著 ——

化学工业出版社

·北京·

内 容 简 介

8大专题内容深度讲解、80多个热门、高频的ChatGPT+Excel智能办公案例实战！

130多分钟教学视频讲解、130页PPT教学课件、170多款素材与效果文件超值赠送！

全书通过理论＋实例的形式，分别介绍了掌握Excel基本操作、加速输入数据资料、掌握ChatGPT基本用法、用ChatGPT统计求和、用ChatGPT编写函数公式、将ChatGPT接入到Excel中、用ChatGPT创建Excel宏和用ChatGPT协助办公等内容。

本书结构清晰，案例丰富，适合以下人群阅读：一是Excel初、中级读者；二是对ChatGPT与Excel结合起来高效办公的工作人员，如财务会计人员、人事行政人员、办公文秘等；三是学习计算机相关专业的人员。

图书在版编目（CIP）数据

人工智能 ChatGPT+Excel 办公应用从入门到精通 / 柏先云编著 . —北京：化学工业出版社，2023.11
ISBN 978-7-122-44005-1

Ⅰ . ①人… Ⅱ . ①柏… Ⅲ . ①人工智能②表处理软件
Ⅳ . ① TP18 ② TP391.13

中国国家版本馆 CIP 数据核字（2023）第 153254 号

责任编辑：李 辰 孙 炜　　　　　　　　封面设计：异一设计
责任校对：王鹏飞　　　　　　　　　　　装帧设计：盟诺文化

出版发行：化学工业出版社（北京市东城区青年湖南街13号　邮政编码100011）
印　　装：大厂聚鑫印刷有限责任公司
787mm×1092mm　1/16　印张12½　字数299千字　2023年11月北京第1版第1次印刷

购书咨询：010-64518888　　　　　　　　售后服务：010-64518899
网　　址：http://www.cip.com.cn
凡购买本书，如有缺损质量问题，本社销售中心负责调换。

定　　价：68.00元

前言

在当今数字化时代，办公自动化和智能化的需求日益增长。随着电子表格软件在企业和个人工作中的广泛应用，Excel 已经成为一种不可或缺的工具。市场研究数据显示，Excel 是全球最受欢迎的电子表格软件之一，超过 9 亿人使用 Excel 进行各种办公任务和数据处理，Excel 在数据分析、可视化和自动化方面都有着巨大潜力。

同时，随着人工智能技术的飞速发展，ChatGPT 作为一种先进的自然语言处理模型，正在成为解决实际问题和提供智能助手的重要工具。ChatGPT 的全称为 Chat Generative Pre-trained Transformer，翻译为中文是"对话生成式预训练转换模型"，是由美国 OpenAI 公司研发的聊天机器人程序。ChatGPT 能够理解人类语言，并以自然而流畅的方式与用户进行对话，为用户提供个性化的指导和解答。将 ChatGPT 与 Excel 结合，可以为用户提供一种全新的、交互式的学习和办公体验。

本书秉持着响应我国科技兴邦、实干兴邦的精神，致力于为读者提供一种全新的学习方式，使他们能够更好地适应时代发展的需要。通过结合 ChatGPT 人工智能技术和 Excel 电子表格应用，为读者提供了一种创新的学习体验。相信这种结合将有助于读者在科技兴邦和实干兴邦的道路上迈出坚实的步伐。

除了初学者，还有很多 Excel 用户也都希望提高自身的 Excel 技能，并且对于获得更智能、更高效的办公方法有着迫切需求。然而，目前市场上真正针对 Excel 电子表格应用和 ChatGPT 结合使用的教学资源相对稀缺。

本书对 Excel 电子表格的各种功能和技巧、ChatGPT 的基本原理和交互式的应用进行了详细介绍，无论是基本的数据输入和格式化，还是复杂的数据分析和函数应用，或者更高级的宏编程和 ChatGPT 插件接入，我们都为读者提供了详细的操作指导和教学视频，并为每章配备了课后习题，随书附赠 PPT 课件与电子教案，帮助读者掌握 Excel 与 ChatGPT 的核心功能。

综上所述，本书的推出将满足市场上广大读者的需求，并填补市场上相关资源的空白，为读者提供一种全新的学习路径，从 Excel 的基础入门知识到与 ChatGPT 的交互式学习，再到结合 ChatGPT 进行高级函数应用，帮助读者从入门到精通智能办公，提高工作效率，在竞争激烈的职场中脱颖而出，共同响应我国科技兴邦、实干兴邦的精神，开启 Excel 智能办公的无限可能！

特别提示：本书在编写时是基于当前的 Excel 和 ChatGPT 的界面截取的实际操作图片，但书从编辑到出版需要一段时间，在此期间，这些软件的功能和界面可能会有变化，请在阅读时，根据书中的思路举一反三，进行学习。还需要注意的是，即使是相同的关键词，ChatGPT 每次的回复也会有差别，因此在扫码观看教程时，读者应把更多的精力放在 ChatGPT 关键词的编写和实操步骤上。

本书由柏先云编著，参与编写的人员还有刘华敏等，在此表示感谢。由于作者知识水平有限，书中难免有错误和疏漏之处，恳请广大读者批评、指正，沟通和交流请联系微信：2633228153。

编著者

目录

第1章
制表入门：掌握Excel基本操作

在使用ChatGPT与Excel协同办公前，需要先掌握
Excel的基本操作方法，包括从零开始创建一个工
作表、表格文字的排列操作，以及表格格式的设
置等。本章将通过实例教学的方式，帮助读者
快速从入门到精通Excel软件。

1.1 创建一个工作表

Excel是微软公司开发的Microsoft Office办公系列软件中的一款电子表格软件，其功能强大、操作简单且易于学习，为用户提供了图表、函数、数据透视表及宏等功能，用户可以在工作表中对数据进行管理、排序、筛选、统计和函数计算等操作。本节将从零开始，向读者介绍如何新建工作簿、如何输入数据、如何对齐数据，以及如何美化工作表的操作方法，帮助读者快速掌握创建Excel工作表的操作方法。

1.1.1 新建一个空白工作簿

扫码看教学视频

在Excel中新建一个空白工作簿，可以在"开始"主界面中直接操作，也可以在"新建"界面中操作，还可以通过快速访问工具栏进行，下面介绍具体的操作方法。

步骤01 启动Office Excel 365应用程序，默认进入Excel"开始"主界面，单击"空白工作簿"缩略图，如图1-1所示。

步骤02 执行操作后，即可新建一个工作簿，如图 1-2 所示。默认生成一个工作表，在界面上方的标题栏中会显示工作簿的名称，在"开始"功能区中显示了"剪贴板""字体""对齐方式""数字""样式""单元格""编辑""发票检验"及"保存"面板，用户可以根据需要使用面板中的功能处理工作表。

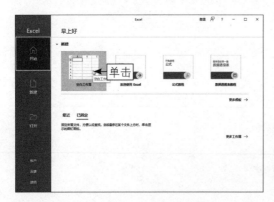

图 1-1 单击"空白工作簿"缩略图（1）

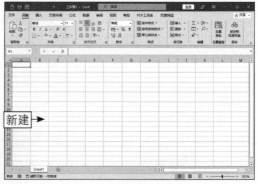

图 1-2 新建一个工作簿

步骤03 单击"文件"菜单，展开导航菜单，❶ 选择"新建"命令，进入"新建"界面；❷ 单击"空白工作簿"缩略图，如图 1-3 所示，即可再创建一个工作簿，用户也可以在"新建"界面下方选择模板直接生成工作表。

步骤04 在工作表上方的快速访问工具栏中单击"新建"按钮，如图1-4所示，即可继续新建一个工作簿。

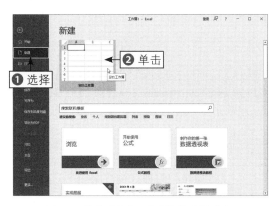

图1-3 单击"空白工作簿"缩略图（2）

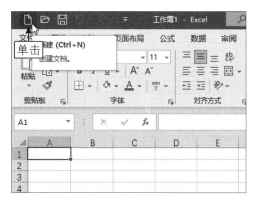

图1-4 单击"新建"按钮

★ 专 家 提 醒 ★

在快速访问工具栏中单击"保存"按钮🖫，即可将新建的工作簿进行保存和命名；单击"打开"按钮📂，即可打开计算机中已有的表格文件。

1.1.2 重命名并输入数据内容

扫码看教学视频

创建工作表后，工作表的默认名称为Sheet1，用户可以对工作表进行重命名操作，并根据需要在工作表中输入数据内容和调整行高列宽，下面介绍具体的操作方法。

步骤01 在创建的工作表下方，将鼠标移至Sheet1名称上，单击鼠标右键，在弹出的快捷菜单中选择"重命名"命令，如图1-5所示。

步骤02 此时工作表的名称呈可编辑状态，重新输入新的名称"行业市场容量数据统计表"，按【Enter】键确认，即可对工作表进行重命名操作，如图1-6所示。

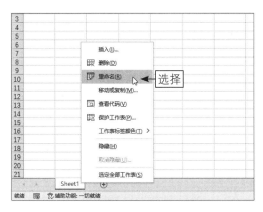

图1-5 选择"重命名"命令

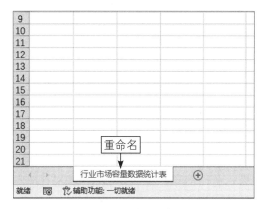

图1-6 重命名工作表

步骤03 在工作表中输入相关的表格信息内容，如图1-7所示。

步骤04 ❶在工作表中选择行标1，即可选择第1行。单击鼠标右键，弹出快捷菜单，❷选择"行高"命令，如图1-8所示。

3

图1-7　输入表格信息内容　　　　　　　图1-8　选择"行高"命令

步骤05 弹出"行高"对话框，默认的"行高"参数为14.25，将其修改为48，如图1-9所示。

步骤06 单击"确定"按钮，即可设置第1行单元格的高度，如图1-10所示。

图1-9　修改"行高"参数 　　　　　　　图1-10　设置第1行单元格的高度

★ **专家提醒** ★

　　除了通过设置"列宽"参数的方法设置单元格的列宽属性，还可以将鼠标移至编辑区列标A列右侧的边框上，此时鼠标指标呈✛形状，按住鼠标左键并向右拖曳，也可调整A列表格的列宽。

步骤07 选择行标2～20行，用与上同样的方法，设置行标2～20行的参数为20，即可设置行高属性，如图1-11所示。

步骤08 ❶选择列标A～E列，单击鼠标右键，❷在弹出的快捷菜单中选择"列宽"命令，如图1-12所示。

步骤09 弹出"列宽"对话框，设置"列宽"参数为12，如图1-13所示。

步骤10 单击"确定"按钮，即可设置A～E列的列宽，如图1-14所示。

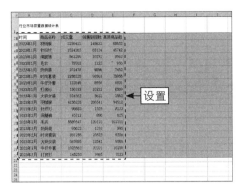

图 1-11　设置行标 2 ～ 20 行的行高

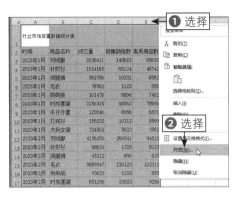

图 1-12　选择"列宽"命令

图 1-13　设置"列宽"参数

图 1-14　设置 A ～ E 列的列宽

1.1.3　设置工作表的对齐格式

扫码看教学视频

在工作表中输入数据并调整好行高列宽后，接下来需要对工作表中的数据进行对齐处理，下面介绍具体的操作方法。

步骤 01 以1.1.2小节中的效果为例，在工作表中选择A1:E20单元格区域，在"开始"功能区的"对齐方式"面板中，单击"垂直居中"按钮≡与"居中"按钮≡，如图1-15所示。

步骤 02 执行操作后，即可设置A1:E20单元格区域的对齐效果，如图1-16所示。

图 1-15　分别单击两个对齐按钮

图 1-16　设置 A1:E20 单元格区域的对齐效果

步骤 03 选择A1:E1单元格区域,在"开始"面板的"对齐方式"面板中,单击"合并后居中"按钮,如图1-17所示,将A1:E1单元格区域合并居中对齐。

步骤 04 执行操作后,即可设置A1:E20单元格区域的对齐效果,如图1-18所示。

图 1-17　单击"合并后居中"按钮

图 1-18　A1:E20 单元格区域的对齐效果

1.1.4　为工作表进行美化处理

扫码看教学视频

在工作表中,用户可以为工作表进行美化处理,包括设置文本字体、添加表格边框等,下面介绍具体的操作方法。

步骤 01 以1.1.3小节中的效果为例,在工作表中选择A1:E1单元格区域,在"开始"功能区的"字体"面板中,❶单击"字体"下拉按钮;❷在打开的下拉列表框中选择"黑体"选项,如图1-19所示。

步骤 02 执行操作后,即可设置字体样式,如图1-20所示。

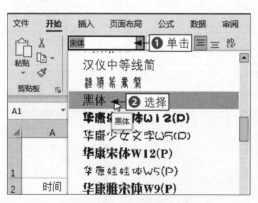

图 1-19　选择"黑体"选项　　　　　图 1-20　设置字体样式

步骤 03 继续在"开始"功能区的"字体"面板中,❶单击"字号"下拉按钮;❷在打开的下拉列表框中选择18,如图1-21所示,执行操作后,即可设置字体的字号大小。

步骤 04 选择A1:E20单元格区域,在"开始"功能区的"字体"面板中,❶单击"边框"右侧的下拉按钮;❷在打开的下拉列表框中选择"所有框线"选项,如图1-22所示。

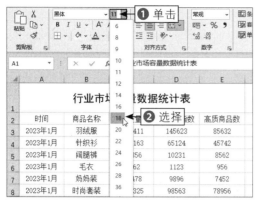

图1-21　设置字号

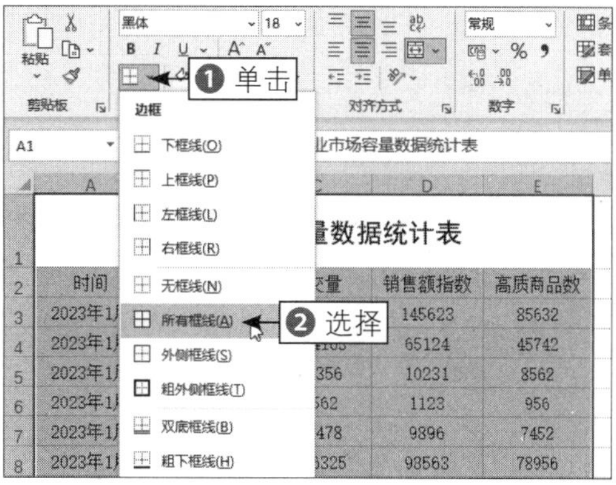

图1-22　选择"所有框线"选项

★ 专 家 提 醒 ★

用户也可以直接在"字体"文本框中输入文字字体，在"字号"文本框中输入字号参数。

步骤05 执行操作后，即可为工作表添加边框线，如图1-23所示。

步骤06 除了上述操作，还可以套用表格，在"开始"功能区的"样式"面板中，套用表格格式或直接选择一款单元格样式套用即可，如图1-24所示。

图1-23　添加边框线

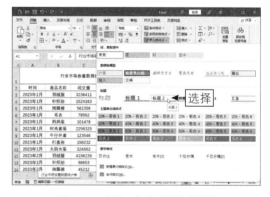

图1-24　选择一款单元格样式套用

1.2 表格文本自动排列

在Excel中，用户可以对单元格中的文本内容进行对齐设置，包括让文本自动换行、自动缩小、分散对齐、垂直排序及旋转角度等，本节将对上述操作进行详细介绍。

1.2.1　让文本自动换行

在Excel中，当单元格中的文本内容太多而超出单元格的宽度时，用户可以设置单元格自动换行以规避该问题。下面介绍设置单元格自动换行的操作方法，希望读者可以学以致用，举一反三。

扫码看教学视频

7

步骤01 打开一个工作表，选择需要换行的单元格区域，如图1-25所示。

步骤02 在"开始"功能区中的"对齐方式"面板中，单击"自动换行"按钮，如图1-26所示。

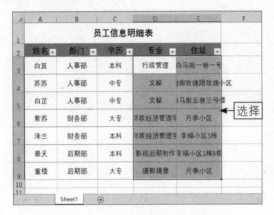

图 1-25 选择需要换行的单元格区域 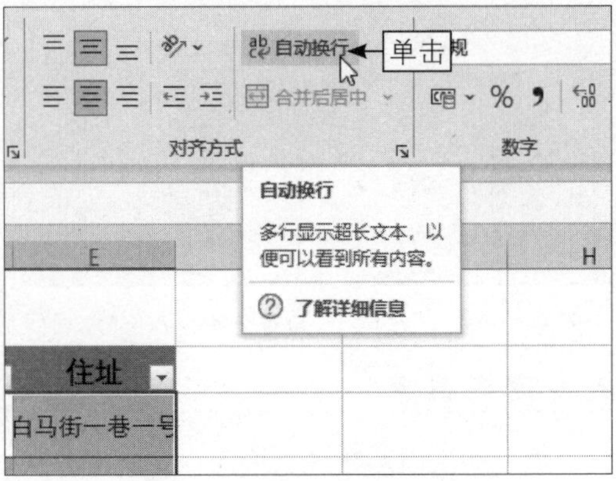　　　　图 1-26 单击"自动换行"按钮

步骤03 执行操作后，即可设置单元格自动换行，效果如图1-27所示。

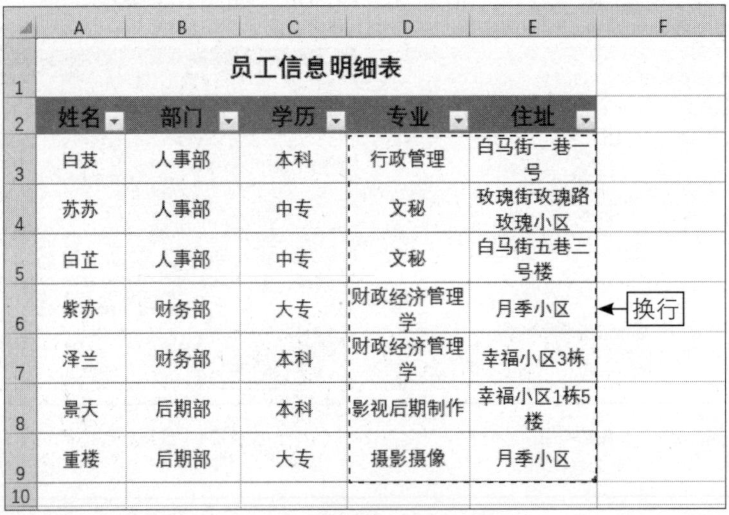

图 1-27 设置单元格自动换行效果

1.2.2 让文本自动缩小

在Excel中，当单元格的列宽已经调整好了，文本内容却显示不完整时，除了让单元格中的文本自动换行，用户还可以让文本自动缩小，使其可以完整地显示在单元格中。下面介绍让文本自动缩小的操作方法。

扫码看教学视频

步骤01 以1.2.1小节中的素材为例，打开工作表，❶选择需要设置的单元格区域，单击鼠标右键，弹出快捷菜单；❷选择"设置单元格格式"命令，如图1-28所示。

步骤02 弹出"设置单元格格式"对话框，单击"对齐"标签，如图1-29所示。

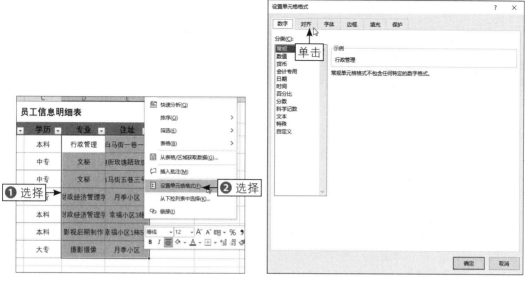

图 1-28 选择"设置单元格格式"命令　　　　　　图 1-29 单击"对齐"标签

步骤 03 切换至"对齐"选项卡，在"文本控制"选项组中选择"缩小字体填充"复选框，如图1-30所示。

步骤 04 单击"确定"按钮，返回工作表，即可设置文本自动缩小，效果如图1-31所示。

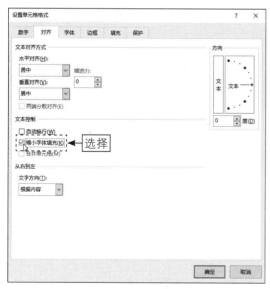

图 1-30 选择"缩小字体填充"复选框

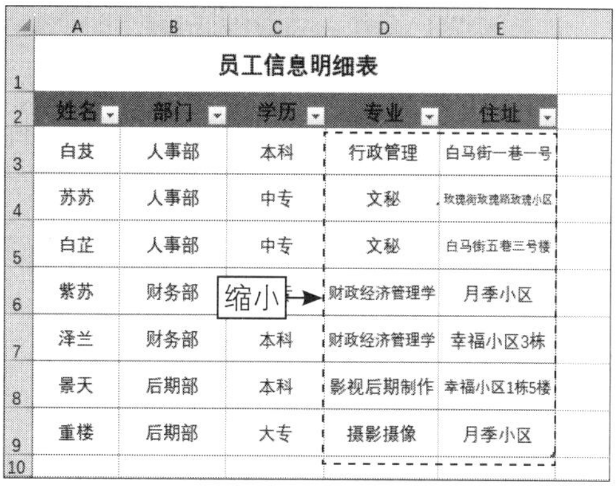

图 1-31 文本自动缩小效果

★ 专 家 提 醒 ★

注意，文本自动缩小操作并没有改变文本的"字号"属性参数，只是让文本在工作表中跟随表格大小缩小填充显示。

1.2.3 将文本分散对齐

扫码看教学视频

在工作表中，默认情况下，很多时候单元格的内容字数不对等，因此表格内容分布都是参差不齐的，可以通过设置单元格格式文本分散对齐，让表格更加美观。下面介绍将文本分散对齐的具体操作方法。

步骤01 打开一个工作表，选择需要设置的单元格区域，如图1-32所示。

步骤02 按【Ctrl+1】组合键，弹出"设置单元格格式"对话框，在"对齐"选项卡中，❶单击"水平对齐"下拉按钮，在打开的下拉列表框中，❷选择"分散对齐（缩进）"选项，如图1-33所示。

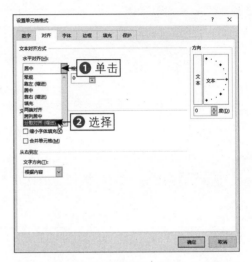

图 1-32 选择需要设置的单元格区域　　图 1-33 选择"分散对齐（缩进）"选项

步骤03 在右侧设置"缩进"为1个字符，如图1-34所示。

步骤04 单击"确定"按钮，即可将文本分散对齐，如图1-35所示。

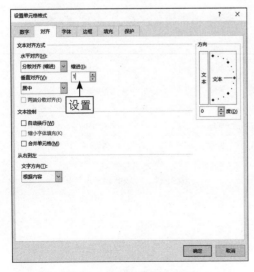

图 1-34 设置"缩进"参数

图 1-35 将文本分散对齐

1.2.4　将文本垂直排序

在Excel工作表中，默认情况下，文本都是从左至右横向排序，当单元格中的文本内容较多时，也可以将文本垂直排序，既可以节省空间，也可以提升视觉效果。下面介绍将文本垂直排序的具体操作方法。

步骤 01 打开一个工作表，选择需要设置的单元格区域，如图1-36所示。

步骤 02 在"开始"功能区的"对齐方式"面板中，单击"方向"下拉按钮，如图1-37所示。

图1-36　选择需要设置的单元格区域

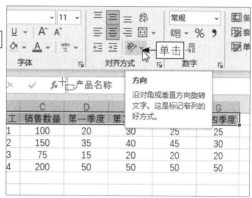

图1-37　单击"方向"下拉按钮

步骤 03 在打开的下拉列表框中选择"竖排文字"选项，如图1-38所示。

步骤 04 执行操作后，即可将文本垂直排序，如图1-39所示。

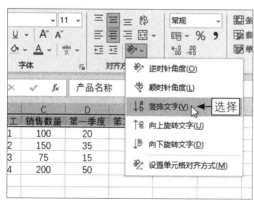

图1-38　选择"竖排文字"选项

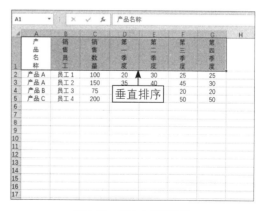

图1-39　将文本垂直排序

1.2.5　让文本旋转角度

在Excel工作表中，将文本垂直排序后，如果觉得行高太高了，可以让文本旋转角度，斜着显示。下面介绍将文本垂直排序的具体操作方法。

步骤 01 以1.2.4小节中的效果为例，选择需要设置的单元格区域，如图1-40所示。

步骤02 在"开始"功能区的"对齐方式"面板中，单击"方向"下拉按钮 ，如图1-41所示。

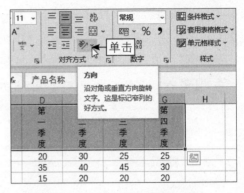

图1-40 选择需要设置的单元格区域　　　图1-41 单击"方向"下拉按钮

步骤03 在打开的下拉列表框中选择"逆时针角度"选项，如图1-42所示。

步骤04 执行操作后，即可旋转文本的角度，如图1-43所示。

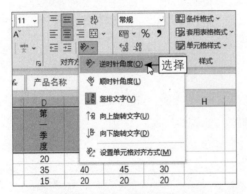

图1-42 选择"逆时针角度"选项　　　　图1-43 旋转文本的角度

步骤05 此外，用户还可以打开"设置单元格格式"对话框，在"对齐"选项卡中，根据需要在"方向"选项组的文本框中设置参数为30度，如图1-44所示。

步骤06 单击"确定"按钮，即可重新调整文本的旋转角度，如图1-45所示。

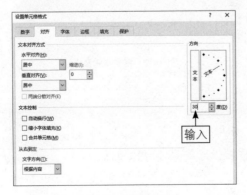

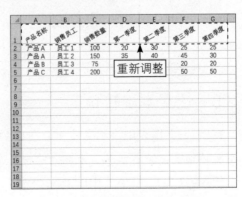

图1-44 输入参数　　　　　　　　图1-45 重新调整文本的旋转角度

1.3　表格格式优化设置

在Excel中，用户可以根据需要对工作表中的单元格进行格式设置，优化表格，包括在工作表中绘制斜线表头、套用单元格格式、高亮标记数值、替换单元格格式以及删除空白单元格等。

1.3.1　自动绘制表格斜线表头

扫码看教学视频

在各种报表中，经常会看到带有斜线的表头。在Excel工作表中，绘制斜线表头的方法非常简单，用户可以通过设置边框线的方式来制作，下面介绍具体的操作方法。

步骤01 打开一个工作表，选择A1单元格，如图1-46所示。

步骤02 双击使单元格呈编辑状态，在单元格中选择“品名”，如图1-47所示。

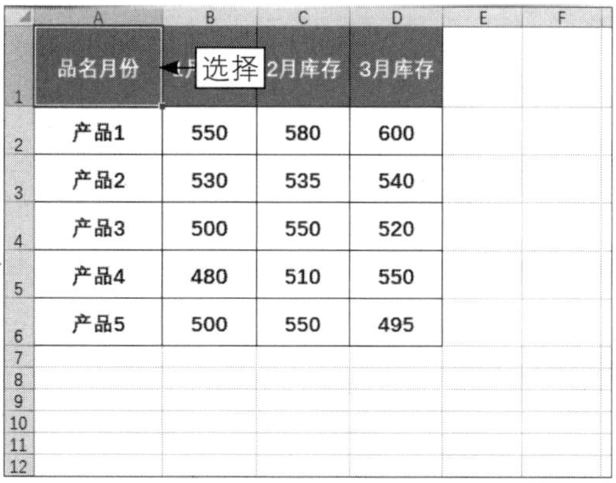

品名月份	1月库存	2月库存	3月库存
产品1	550	580	600
产品2	530	535	540
产品3	500	550	520
产品4	480	510	550
产品5	500	550	495

图1-46　选择A1单元格

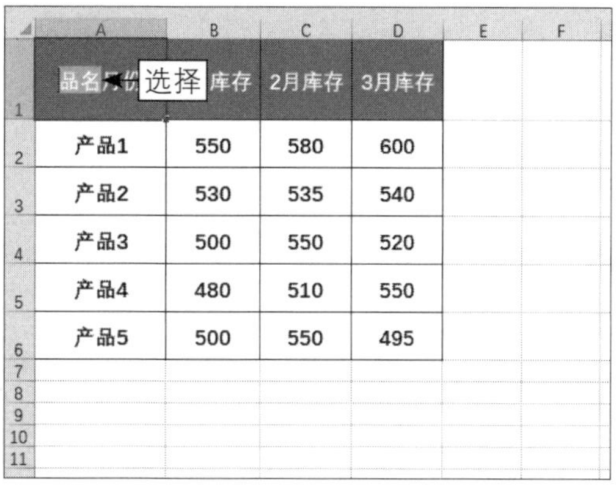

图1-47　选择“品名”

步骤03 按【Ctrl+1】组合键，弹出“设置单元格格式”对话框，在“特殊效果”选项组中选择“下标”复选框，如图1-48所示。

步骤04 执行上述操作后，单击“确定”按钮，即可将“品名”文字缩小并下标，如图1-49所示。

步骤05 用与上同样的方法，在单元格中选择“月份”，按【Ctrl+1】组合键，弹出“设置单元格格式”对话框，在“特殊效果”选项组中选择“上标”复选框，如图1-50所示。

步骤06 执行上述操作后，单击“确定”按钮，即可将“月份”文字缩小并上标，如图1-51所示。

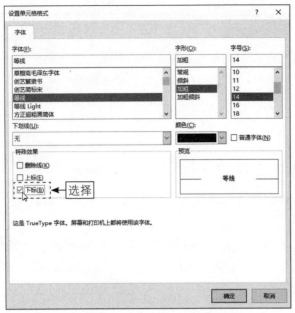

图 1-48　选中"下标"复选框

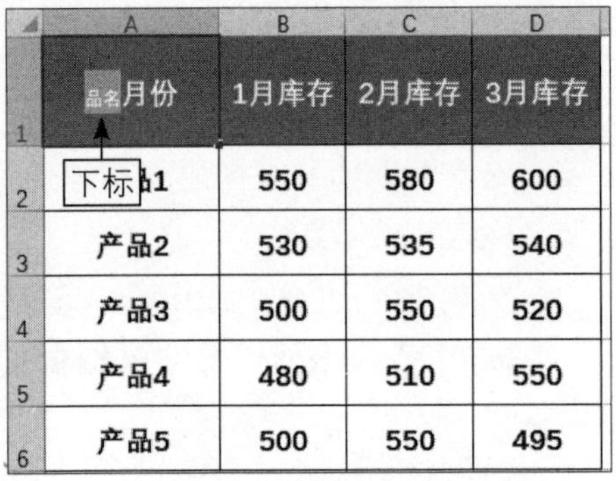

图 1-49　将"品名"文字缩小并下标

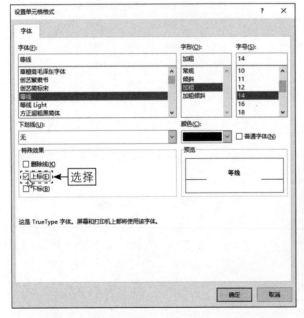

图 1-50　选择"上标"复选框

图 1-51　将"月份"文字缩小并上标

步骤07 ❶在"品名"与"月份"的中间空两个字符位置；❷选择A1单元格；❸设置"字号"为22，将文字调大，效果如图1-52所示。

步骤08 选择A1单元格，按【Ctrl+1】组合键，弹出"设置单元格格式"对话框，❶切换至"边框"选项卡，在"样式"选项组中，❷选择第二排倒数第3个线条样式；❸单击"颜色"按钮，在打开的颜色面板中，❹选择"白色，背景1"色块，如图1-53所示。

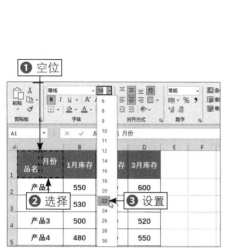

图 1-52 设置"字号"为 22

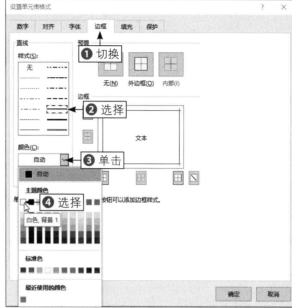

图 1-53 选择"白色，背景 1"色块

步骤09 执行操作后，在"边框"选项组中的文本预览草图右下方，单击最后一个按钮，如图1-54所示。

步骤10 单击"确定"按钮，即可在表格中自动绘制一条斜线，如图1-55所示。

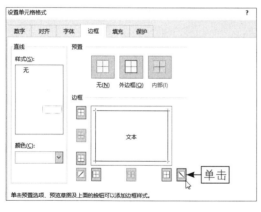

图 1-54 单击最后一个按钮

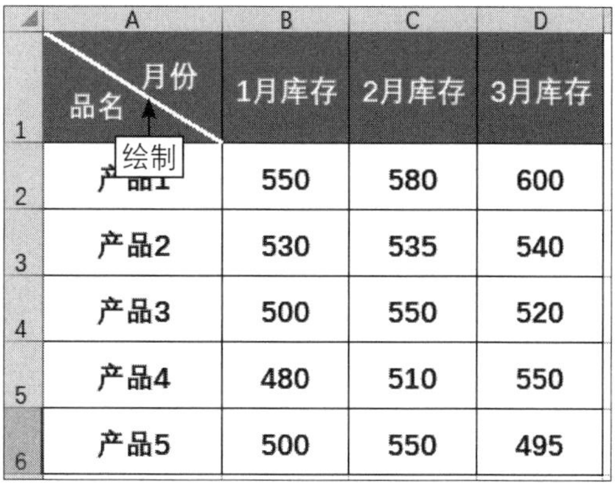

图 1-55 绘制斜线

1.3.2 快速套用相同的表格格式

在Excel中，为用户提供了"格式刷"工具 ，使用此工具可以将某个单元格中的格式复制粘贴到其他的单元格上，让用户可以轻松套用相同的单元格格式，下面介绍具体的操作方法。

扫码看教学视频

步骤01 打开一个工作表，可以看到表格中第2行的背景是浅蓝色的，选择A2:D2单元格区域，如图1-56所示。

步骤02 在"开始"功能区的"剪贴板"面板中，双击"格式刷"按钮，如图1-57所示。

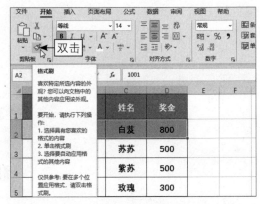

图 1-56　选择 A2:D2 单元格区域　　　　　　图 1-57　双击"格式刷"按钮

步骤03 执行操作后，在A4单元格上单击，执行操作后，即可将A2:D2单元格区域的表格格式套用到A4:D4单元格区域中，如图1-58所示。

步骤04 用与上同样的方法，在A6单元格上单击，套用表格格式，如图1-59所示。执行操作后，按【Esc】键，即可退出格式刷的使用状态。

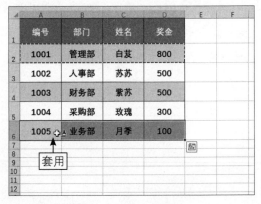

图 1-58　套用表格格式（1）　　　　　　图 1-59　套用表格格式（2）

1.3.3　用红色标记负数数值

很多人制表时都会用红色来标记表格中的负数数值，以便在众多数据中高亮显示，一眼就能被找到。在Excel中，用户可以让表格自动将负数数值用红色标记出来，既省事又省时，还不会出现错漏，下面介绍具体的操作方法。

扫码看教学视频

步骤01 打开一个工作表，选择需要标记数据的单元格区域，如图1-60所示。

步骤02 按【Ctrl+1】组合键，弹出"设置单元格格式"对话框，在"数字"选项卡中选择"数值"选项，如图1-61所示。

图 1-60　选择需要标记数据的单元格区域　　　　　图 1-61　选择"数值"选项

步骤03 ❶选择"使用千位分隔符"复选框；❷在"负数"列表框中选择最后一项，如图1-62所示。

步骤04 单击"确定"按钮，即可用红色标记负数数值，如图1-63所示。

图 1-62　选择最后一项

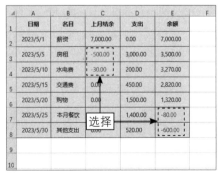

图 1-63　用红色标记负数数值

1.3.4 批量替换单元格格式

在Excel工作表中，当表格数据较多、格式较乱时，可以通过"查找和替换"功能批量设置单元格的格式，下面介绍具体的操作方法。

扫码看教学视频

步骤01 打开一个工作表，如图1-64所示，可以看到D列和E列中的单元格格式较为凌乱。

步骤02 在"开始"功能区的"编辑"面板中，❶单击"查找和选择"下拉按钮；❷在打开的下拉列表框中选择"替换"选项，如图1-65所示。

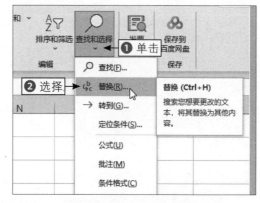

图 1-64 打开一个工作表 　　　　图 1-65 选择"替换"选项

步骤03 弹出"查找和替换"对话框，单击"选项"按钮，如图1-66所示。

步骤04 执行操作后，即可显示更多功能选项，单击"查找内容"右侧的"格式"按钮，如图1-67所示。

 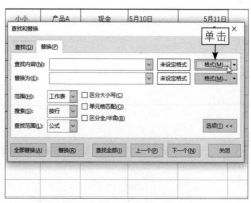

图 1-66 单击"选项"按钮 　　　　图 1-67 单击"格式"按钮（1）

步骤05 弹出"查找格式"对话框，在"数字"选项卡的"分类"列表框中，❶选择"自定义"选项；❷在右侧的"类型"下拉列表框中选择一个日期格式，以此设定要查找的目标，如图1-68所示。

步骤06 单击"确定"按钮，返回"查找和替换"对话框，单击"替换为"右侧的

"格式"按钮，如图1-69所示。

图1-68 选择一个日期格式

图1-69 单击"格式"按钮（2）

步骤07 弹出"替换格式"对话框，在"对齐"选项卡中，❶单击"水平对齐"下拉按钮；❷在打开的下拉列表框中选择"居中"选项，以此设置表格的对齐格式，如图1-70所示。

步骤08 ❶切换至"填充"选项卡；❷选择一个合适的色块，如图1-71所示。

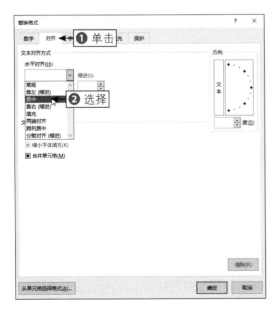

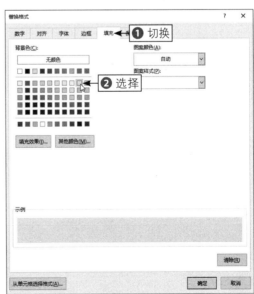

图1-70 选择"居中"选项

图1-71 选择一个合适的色块

步骤 09 单击“确定”按钮，返回“查找和替换”对话框，单击“全部替换”按钮，如图1-72所示。

步骤 10 弹出信息提示框，单击“确定”按钮，单击对话框中的“关闭”按钮，执行操作后，即可批量替换单元格格式，使表格更美观，如图1-73所示。

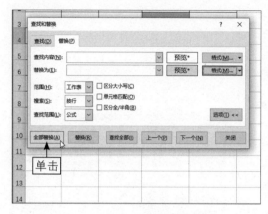

图 1-72 单击“全部替换”按钮

客户名称	产品品名	付款方式	发货时间	签收时间
小小	产品A	现金	5月10日	5月11日
一只鱼	产品B	支付宝转账	5月10日	5月15日
花蝴蝶	产品C	现金	5月13日	5月14日
美美	产品C	微信转款	5月19日	5月22日
洋子	产品A	微信转款	5月19日	5月22日
橙橙	产品C	支付宝转账	5月23日	5月25日
三火焱	产品B	支付宝转账	5月24日	5月28日

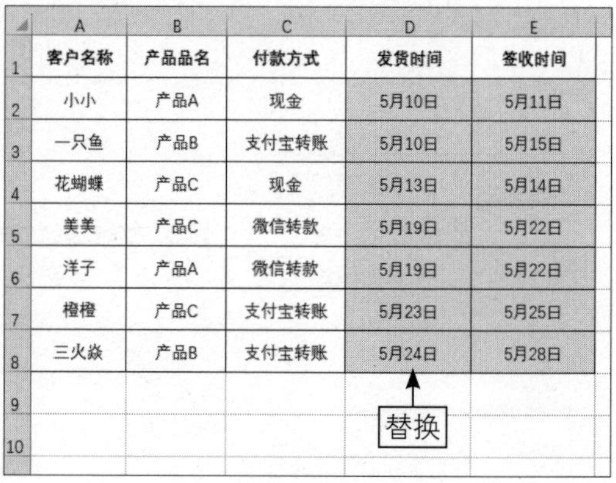

图 1-73 批量替换单元格格式

1.3.5 一次性删除空白单元格

扫码看教学视频

在Excel中，当将表格内的一些数据清除后，会残留很多空白行，工作表会显得很乱，且无法对其进行排序、筛选等操作。下面通过“定位”功能，介绍一次性删除空白单元格的操作方法。

步骤 01 打开一个工作表，如图1-74所示，需要将有空白单元格的第4、5、6、8行进行一次性删除操作。

步骤 02 选择任意一个单元格，按【Ctrl+G】组合键，弹出“定位”对话框，单击“定位条件”按钮，如图1-75所示。

使用部门	物品品名	单位	使用数量
生产部	DT151-25	PCS	55
生产部	VB766-11	PCS	32
加工部			
加工部	DT151-25		
品管部		PCS	
品管部	VN660-33	PCS	52
品管部			
倒模车间	VN660-25	PCS	45
倒模车间	VN660-20	PCS	96
无尘车间	VB766-05	PCS	20
无尘车间	VN660-09	PCS	35

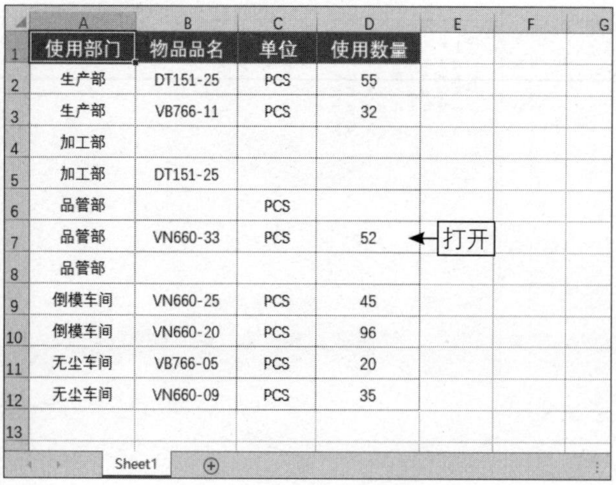

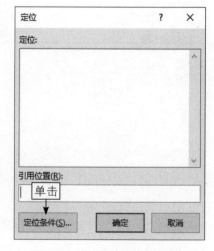

图 1-74 打开一个工作表

图 1-75 单击“定位条件”按钮

步骤03 执行操作后，弹出"定位条件"对话框，选中"空值"单选按钮，如图1-76所示。

步骤04 单击"确定"按钮，返回工作表，❶通过定位条件在工作表中已经定位了所有的空白单元格，单击鼠标右键，在弹出的快捷菜单中，❷选择"删除"命令，如图1-77所示。

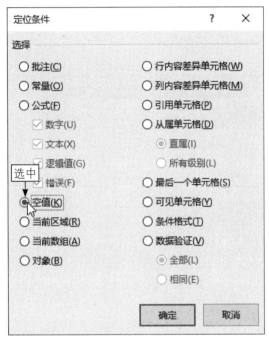

图 1-76 选中"空值"单选按钮

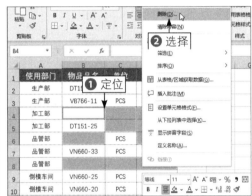

图 1-77 选择"删除"命令

步骤05 执行操作后，弹出"删除文档"对话框，选中"整行"单选按钮，如图1-78所示。

步骤06 单击"确定"按钮，返回工作表，即可一次性删除空白单元格所在的行，效果如图1-79所示。

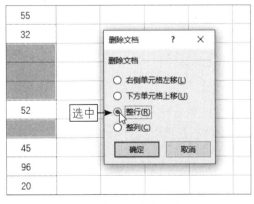

图 1-78 选中"整行"单选按钮

图 1-79 一次性删除空白单元格所在的行

1.3.6 快速呈现数据层级关系

扫码看教学视频

在Excel中，当表格中有层级关系的数据内容时，可以通过"增加缩进量"功能缩进单元格字符，快速呈现数据层级关系，下面介绍具体的操作方法。

步骤01 打开一个工作表，如图1-80所示，在A列中既有部门信息也有员工姓名，需要对A列中员工所在的单元格进行字符缩进，呈现部门与员工之间的层级关系。

步骤02 选择A列中员工所在的单元格区域，如图1-81所示。

图 1-80　打开一个工作表

图 1-81　选择相应的单元格区域

步骤03 在"开始"功能区的"对齐方式"面板中，单击"增加缩进量"按钮，如图1-82所示。

步骤04 执行上述操作后，即可在单元格中缩进字符，呈现层级关系，效果如图1-83所示。

图 1-82　单击"增加缩进量"按钮

图 1-83　缩进字符效果

1.3.7 自动恢复表格 E+ 数据

扫码看教学视频

在Excel中,当表格中输入的数字超过11位后,数据会显示为E+代码,用户可以通过设置单元格格式,使其自动恢复原来的数据,下面介绍具体的操作方法。

步骤01 打开一个工作表,选择需要恢复数据的单元格区域,如图1-84所示。

步骤02 单击鼠标右键,在弹出的快捷菜单中选择"设置单元格格式"命令,如图1-85所示。

图 1-84 选择单元格区域   图 1-85 选择"设置单元格格式"命令

步骤03 弹出"设置单元格格式"对话框,❶在"数字"选项卡的"分类"列表框中选择"自定义"选项;❷在右侧的"类型"文本框中输入0,以此设置单元格格式,如图1-86所示。

步骤04 执行操作后,单击"确定"按钮,返回工作表查看数据恢复效果,如图1-87所示。

图 1-86 输入 0   图 1-87 查看数据恢复效果

★ 专家提醒 ★

用户也可以在"类型"下拉列表框中选择0选项,文本框中的内容会随之发生变换,显示为0。

除了通过设置单元格格式恢复E+数据,用户还可以在输入数据时,先输入一个英文状态下的单引号,再开始输入数据,按【Enter】键确认,即可完整显示11位以上的数字。

本章小结

本章主要向读者介绍了Excel制表入门的相关基础知识,首先介绍了创建一个工作表的操作方法,包括新建空白工作簿、重命名工作表、数据输入、设置对齐格式及美化处理等;然后介绍了表格文本自动排列的操作方法,包括让文本自动换行、自动缩小及分散对齐等;最后介绍了表格格式优化设置的操作方法,包括绘制斜线表头、套用格式、标记数值及删除空白单元格等。通过对本章的学习,希望读者能够举一反三,掌握Excel的基础操作。

课后习题

鉴于本章知识的重要性,为了帮助读者更好地掌握所学知识,本节将通过课后习题,帮助读者进行简单的知识回顾和补充。

1. 使用Excel,根据自己的实际需求制作一个工作表,并根据喜好设置好表格中的字体、字号、边框及背景颜色等。

2. 使用Excel中的格式刷,快速套用表格格式,对表格进行优化处理。

第2章
智能填充：加速输入数据资料

在Excel中输入数据时，经常会遇到输入大量序号数据或者输入重复数据等情况，用户可以通过智能填充的方式，在单元格中快速输入数据资料，不用再耗时耗力地一个一个输入数据。本章将向读者介绍如何在Excel工作表中进行智能填充的操作方法，以提升工作效率。

2.1 通过下拉清单填充数据

在Excel中，对于表格中已经输入过的内容，用户可以通过制作下拉清单，将输入过的数据内容快速填充至单元格中。制作下拉清单有两种方法，本节将对这两种方法进行详细介绍。

2.1.1 从下拉清单中选择输入过的数据

在Excel中，当需要在表格中输入一些已经输入过的重复数据时，可以利用【Alt】键，在工作表中制作下拉清单，在清单列表中直接选择表格中已有的数据，将其填充至单元格中，这样既能减少重复输入的次数，又能快速完成表格的输入，下面介绍具体的操作方法。

步骤01 打开一个工作表，如图2-1所示，在表格的第1行显示了评分的判定条件。

步骤02 根据判定条件，在C3单元格中输入"通过"、C4单元格中输入"淘汰"，如图2-2所示。

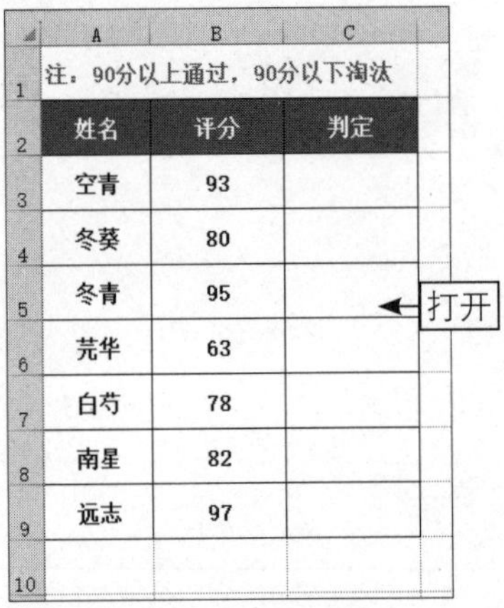

图 2-1 打开一个工作表

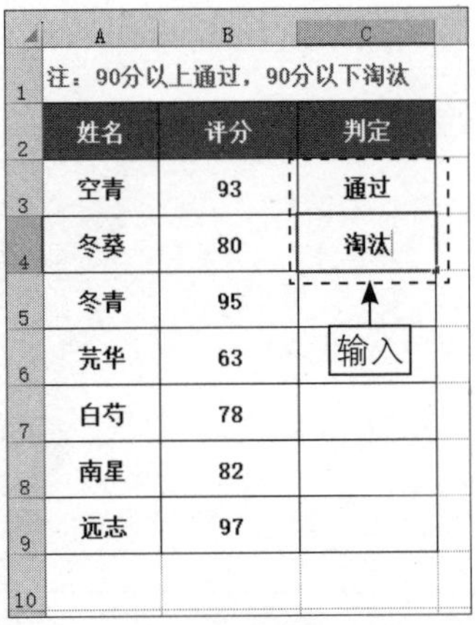

图 2-2 输入判定结果

步骤03 选择C5单元格，按【Alt+↓】组合键，即可弹出清单列表，其中显示了C列中输入过的数据内容，如图2-3所示。

步骤04 在清单列表中，根据判定条件，选择"通过"选项，即可快速将其填充至C5单元格中，如图2-4所示。

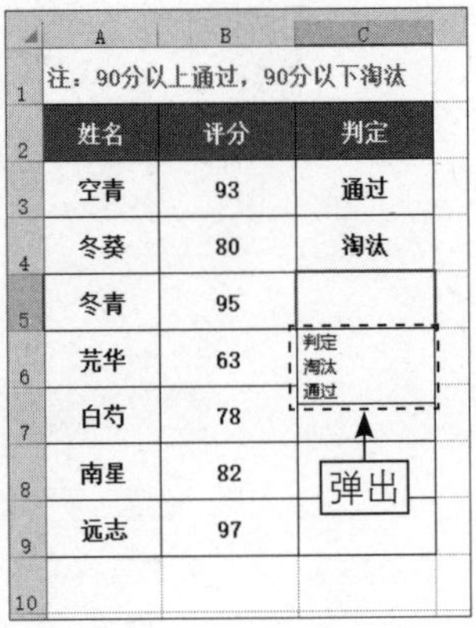

图 2-3 弹出清单列表

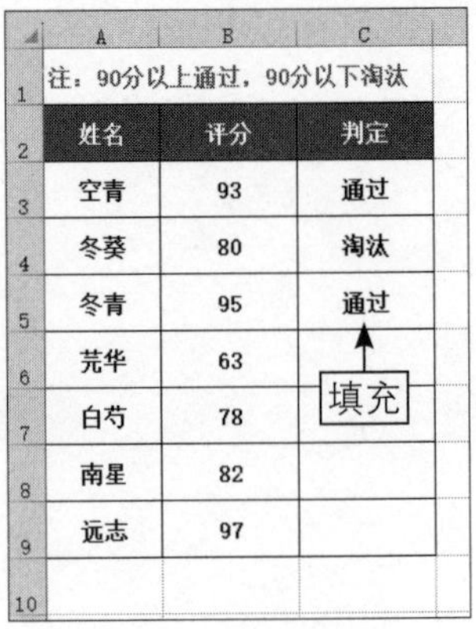

图 2-4 快速填充内容

步骤 05 用与上同样的方法，在其他单元格中填充判定结果，如图2-5所示。

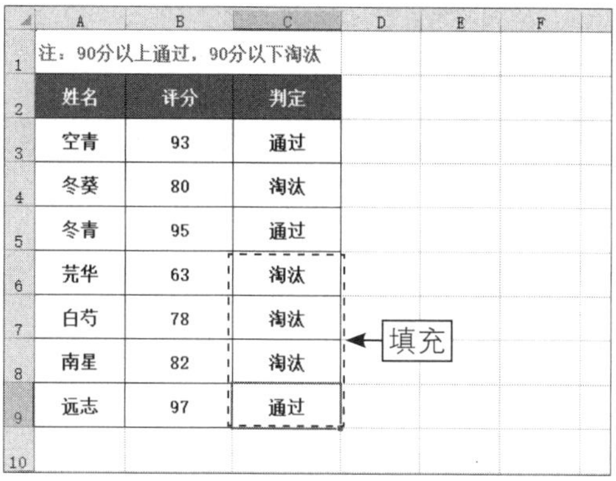

图 2-5　填充判定结果

2.1.2　通过二级联动下拉清单填充数据

在Excel中，除了通过快捷键制作下拉清单，还可以通过"数据验证"功能制作二级联动下拉清单，用户可以在一级清单中选择一个选项，执行操作后，在二级清单中则会联动显示一级选项所对应的内容，下面介绍具体的操作方法。

扫码看教学视频

步骤 01 打开一个工作表，选择A2:A10单元格区域，如图2-6所示。

步骤 02 按【Ctrl+C】组合键复制，并按【Ctrl+V】组合键粘贴至D2:D10单元格中，如图2-7所示。

图 2-6　选择 A2:A10 单元格区域

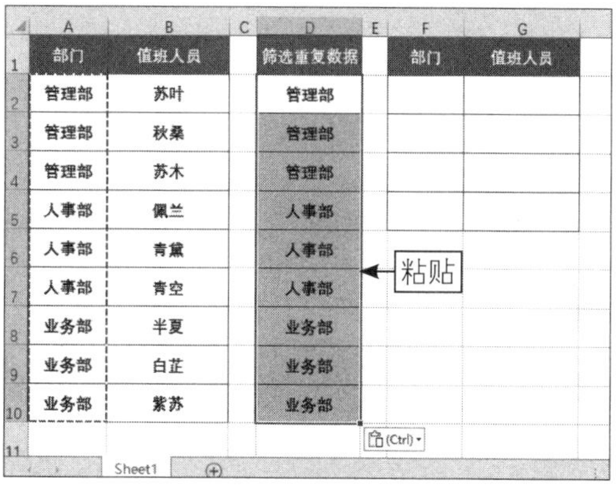

图 2-7　复制粘贴内容

步骤 03 在"数据"功能区的"数据工具"面板中，单击"删除重复值"按钮，如图2-8所示。

步骤 04 执行操作后，弹出"删除重复值"对话框，单击"确定"按钮，如图2-9所示。

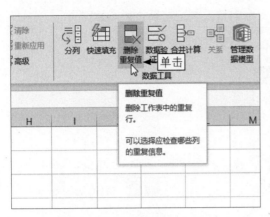

图 2-8　单击"删除重复值"按钮

图 2-9　单击"确定"按钮（1）

步骤 05 弹出信息提示框，提示用户已删除发现的重复值，并保留唯一值，单击"确定"按钮，如图2-10所示。

步骤 06 执行操作后，即可删除D列中的重复项，如图2-11所示。

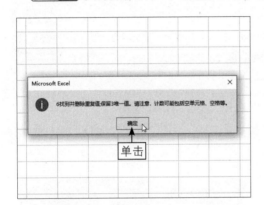

图 2-10　单击"确定"按钮（2）

图 2-11　删除 D 列中的重复项

步骤 07 执行上述操作后，选中F列，如图2-12所示。

步骤 08 在"数据"功能区的"数据工具"面板中，单击"数据验证"按钮，如图2-13所示。

图 2-12　选中 F 列

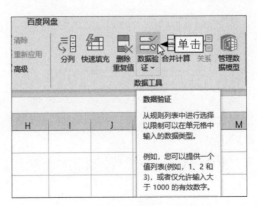

图 2-13　单击"数据验证"按钮

步骤**09** 弹出"数据验证"对话框，单击"允许"下拉按钮，在打开的下拉列表框中选择"序列"选项，如图2-14所示。

步骤**10** 在下方的"来源"文本框中单击，❶在表格中选择D列中的数据单元格；❷弹出"数据验证"文本框，其中显示了范围公式，如图2-15所示。

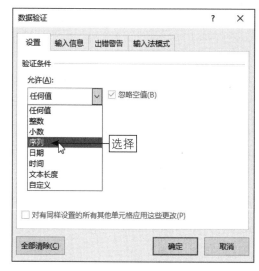

图 2-14　选择"序列"选项

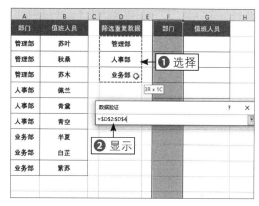

图 2-15　显示范围公式

步骤**11** 释放鼠标，返回"数据验证"对话框，单击"确定"按钮，如图2-16所示。

步骤**12** 执行操作后，选择F列中的任意一个单元格，均会显示一个下拉按钮，❶单击F2单元格右侧的下拉按钮，打开清单列表，❷在其中可以选择相应的部门，如图2-17所示。

图 2-16　单击"确定"按钮（3）

图 2-17　选择相应的部门

步骤 13 然后选中G列，如图2-18所示。

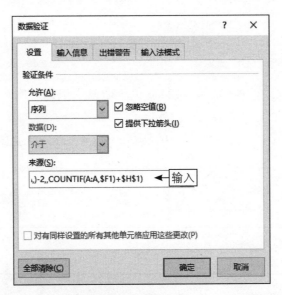

图2-18　选中 G 列

步骤 14 用与上同样的方法，打开"数据验证"对话框，在"来源"文本框中输入公式：=OFFSET($B$2,MATCH($F1,A:A,)-2,,COUNTIF(A:A,$F1))，如图2-19所示。

图2-19　输入公式

★ 专家提醒 ★

上述公式的含义和作用如下。

OFFSET($B$2, ：从 B2 单元格开始。

MATCH($F1,A:A,)：在 A 列中查找 F1 单元格的值，并返回最接近（但不大于）它的单元格的行数。

-2,,：起始行为 B2 之前的两个单元格。

COUNTIF(A:A,$F1))：计算 A 列中等于 F1 单元格的值的数量。

因此，这个公式的作用是返回从 B2 开始的一个范围，该范围的行数等于 A 列中符合F1 单元格的值的数量，并且从匹配的单元格中开始查找。

步骤15 单击"确定"按钮, 即可完成二级联动下拉清单的制作, ❶单击G2单元格右侧的下拉按钮; 在打开的下拉列表框中显示了与F3单元格数据相匹配的部门值班人员信息, ❷在其中可以选择相应的值班人员, 如图2-20所示。

步骤16 执行上述操作后, 在其他单元格中填充相应的部门和值班人员, 如图2-21所示。

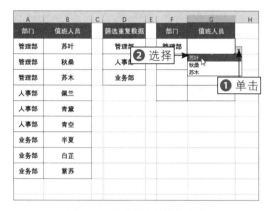

图 2-20 选择相应的值班人员　　　　图 2-21 填充相应的部门和值班人员

★ 专家提醒 ★

这里填充内容的方式只是为用户提供了一个便捷操作, 用户也可以根据自己的需要直接在单元格中输入需要的内容, 并不局限于在清单列表中进行选择。

2.2 自动填充数据

在Excel中, 为用户提供了多种快速输入数据内容的方法, 包括自动填充未输完的字、自动填充相同的内容及自动填充连续的序号等, 既省时省事又能减少输入的错误率。

2.2.1 自动填充未输完的字

在Excel中, 当在同一列中输入之前输入过的文字时, 不用全部输入完, 单元格中会自动填充后面的文字。例如, 在同列中输入过"不及格", 当在同列其他单元格中输入"不"字时, 单元格会自动填充后面的"及格"二字, 下面介绍具体的操作方法。

扫码看教学视频

步骤01 打开一个工作表, 如图2-22所示。

步骤02 其中C3:C5单元格中已经输入了评定结果, 选择C6单元格, 需要在其中输入"不及格", 这里先输入一个"不"字, 如图2-23所示。

图 2-22　打开一个工作表

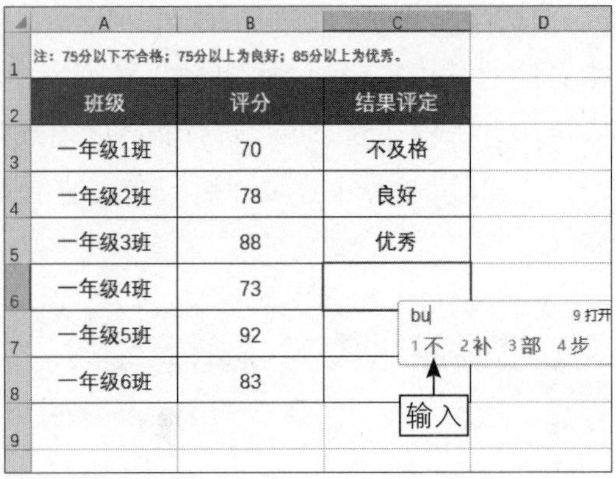

图 2-23　输入"不"字

步骤 03 按空格键确认，将"不"字输入到C6单元格中，与此同时，单元格中会自动填充"及格"二字，如图2-24所示。

步骤 04 用与上同样的方法，在另外两个单元格中输入结果，如图2-25所示。

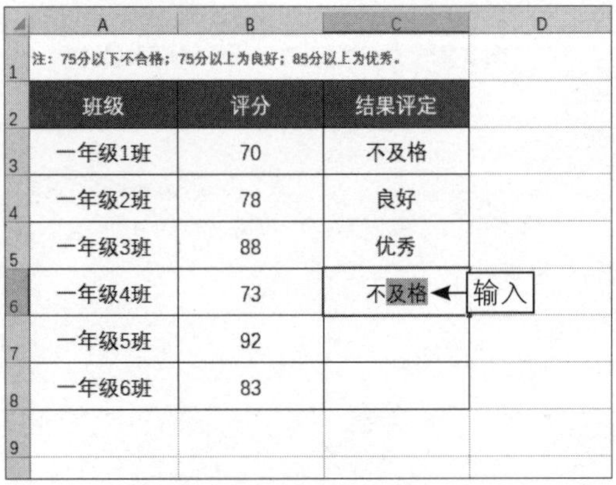

图 2-24　自动填充未输入的文字

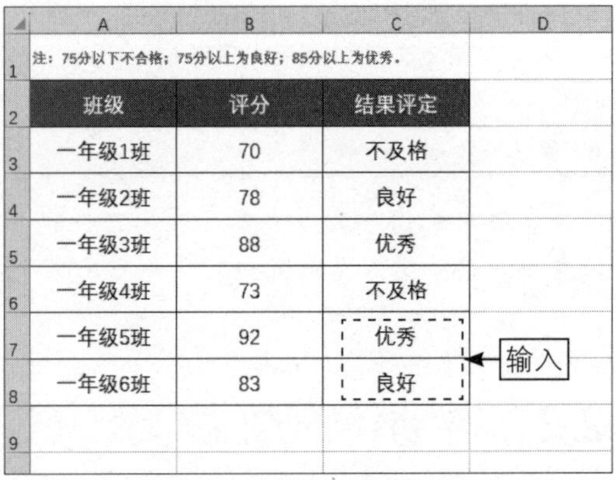

图 2-25　继续输入结果

★ 专家提醒 ★

自动填充的字一般处于选中状态，如果需要则按【Enter】键确认，如果不需要则可以将其直接删除或者继续输入其他文字。

2.2.2　自动填充相同的内容

扫码看教学视频

在Excel中，经常需要在多个单元格中输入相同的内容，如果逐个输入或者复制粘贴式输入会比较费时、麻烦，此时可以通过Excel提供的自动填充功能一次性在单元格中输入相同的内容，下面介绍具体的操作方法。

步骤 01 打开一个工作表，如图2-26所示。

步骤 02 在 C2 单元格中输入员工所属部门，这里输入"设计部"，如图 2-27 所示。

	A	B	C	D	E
1	员工	岗位职称	所属部门		
2	空青	总监			
3	冬葵	经理			
4	冬青	副经理		←打开	
5	芫华	部长			
6	白芍	组长			
7	南星	组长			
8	远志	助理			
9					

图 2-26　打开一个工作表

	A	B	C	D	E
1	员工	岗位职称	所属部门		
2	空青	总监	设计部		
3	冬葵	经理			
4	冬青	副经理	输入		
5	芫华	部长			
6	白芍	组长			
7	南星	组长			
8	远志	助理			
9					

图 2-27　输入"设计部"文字

步骤 03 将鼠标移至C2单元格的右下角，此时鼠标呈十字形状，如图2-28所示。

步骤 04 按住鼠标左键并向下拖曳至C8单元格，释放鼠标，即可快速填充相同的部门，如图2-29所示。

	A	B	C	D	E
1	员工	岗位职称	所属部门		
2	空青	总监	设计部	←移动	
3	冬葵	经理			
4	冬青	副经理			
5	芫华	部长			
6	白芍	组长			
7	南星	组长			
8	远志	助理			
9					

图 2-28　移动鼠标位置

	A	B	C	D	E
1	员工	岗位职称	所属部门		
2	空青	总监	设计部		
3	冬葵	经理	设计部		
4	冬青	副经理	设计部		
5	芫华	部长	设计部		
6	白芍	组长	设计部		
7	南星	组长	设计部		
8	远志	助理	设计部	←填充	
9					

图 2-29　快速填充相同的部门

2.2.3　用快速填充功能填充

扫码看教学视频

在Excel中，除了通过拖曳鼠标的方式填充相同的数据内容，还可以通过"快速填充"功能填充相同的数据内容，下面以2.2.2小节中的素材为例，介绍具体的操作方法。

步骤 01 打开2.2.2小节中的素材工作表，在C2单元格中输入员工所属部门，这里输入"美工部"，如图2-30所示。

步骤 02 选择C2:C8单元格区域，如图2-31所示。

步骤 03 在"开始"功能区的"编辑"面板中，单击"填充"下拉按钮，如图2-32所示。

步骤 04 在打开的下拉列表框中选择"快速填充"选项，如图2-33所示。

	员工	岗位职称	所属部门	
1				
2	空青	总监	美工部 ← 输入	
3	冬葵	经理		
4	冬青	副经理		
5	荒华	部长		
6	白芍	组长		
7	南星	组长		
8	远志	助理		
9				

图 2-30 输入"美工部"文字

图 2-31 选择 C2:C8 单元格区域

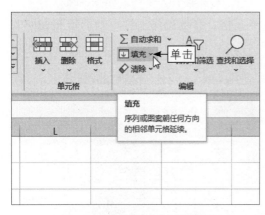

图 2-32 单击"填充"下拉按钮

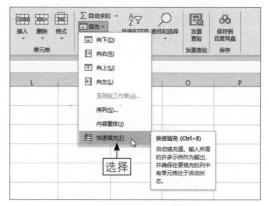

图 2-33 选择"快速填充"选项

步骤 05 执行操作后，即可快速填充相同的部门，如图2-34所示。

步骤 06 单击"快速填充选项"按钮，打开下拉列表框，选择"撤销快速填充"选项，如图2-35所示，还可以撤销填充的内容。

	员工	岗位职称	所属部门	
1				
2	空青	总监	美工部	
3	冬葵	经理	美工部	
4	冬青	副经理	美工部	
5	荒华	部长	美工部 ← 填充	
6	白芍	组长	美工部	
7	南星	组长	美工部	
8	远志	助理	美工部	
9				

图 2-34 快速填充相同的部门

图 2-35 选择"撤销快速填充"选项

2.2.4　自动填充连续的序号

扫码看教学视频

在日常工作经常需要在单元格中输入1、2、3……此类连续的序号，在Excel中，不用一个一个地输入，通过拖曳鼠标的方式进行填充即可，下面介绍在Excel中自动填充连续序号的操作方法。

步骤 01 打开一个工作表，如图2-36所示。

步骤 02 在A2单元格中输入序号1，如图2-37所示。

图 2-36　打开一个工作表

图 2-37　输入序号 1

步骤 03 将鼠标移至A2单元格的右下角，此时鼠标呈十字形状，如图2-38所示。

步骤 04 按住鼠标左键并向下拖曳至A8单元格，释放鼠标左键，即可在单元格中填充序号1，如图2-39所示。

图 2-38　移动鼠标位置（1）

图 2-39　填充序号 1

步骤 05 ❶单击"自动填充选项"按钮，在打开的下拉列表框中，❷选择"填充序列"选项，如图2-40所示。

步骤 06 执行上述操作后，即可填充连续的序号，如图2-41所示。

	A	B	C	D	E
4	1	冬青	副经理	美工部	
5	1	芫华	部长	美工部	
6	1	白芍	组长	美工部	
7	❶ 单击		组长	美工部	
8	1	远志	助理	美工部	
9					
10		○ 复制单元格(C) ○ 填充序列(S) ❷ 选择			
11		○ 仅填充格式(F) ○ 不带格式填充(O)			
12		○ 快速填充(F)			

图 2-40 选择"填充序列"选项

	A	B	C	D	E
1	序号	员工	岗位职称	所属部门	
2	1	空青	总监	美工部	
3	2	冬葵	经理	美工部	
4	3	冬青	副经理	美工部	
5	4	← 填充	部长	美工部	
6	5	白芍	组长	美工部	
7	6	南星	组长	美工部	
8	7	远志	助理	美工部	
9					

图 2-41 填充连续的序号（1）

步骤07 除了上述操作，还有更加直接的填充操作，将A3:A8单元格区域中的序号删除，选中A2单元格并将鼠标移至A2单元格的右下角，如图2-42所示。

步骤08 按住【Ctrl】键和鼠标左键的同时，下拉至A8单元格，释放鼠标即可填充连续的序号，如图2-43所示。

	A	B	C	D	E
1	序号	员工	岗位职称	所属部门	
2	1	空青 ← 移动	总监	美工部	
3		冬葵	经理	美工部	
4		冬青	副经理	美工部	
5		芫华	部长	美工部	
6		白芍	组长	美工部	
7		南星	组长	美工部	
8		远志	助理	美工部	
9					

图 2-42 移动鼠标位置（2）

	A	B	C	D	E
1	序号	员工	岗位职称	所属部门	
2	1	空青	总监	美工部	
3	2	冬葵	经理	美工部	
4	3	冬青	副经理	美工部	
5	4	芫华 ← 填充	部长	美工部	
6	5	白芍	组长	美工部	
7	6	南星	组长	美工部	
8	7	远志	助理	美工部	
9					

图 2-43 填充连续的序号（2）

2.2.5 用序列功能填充序号

在Excel中，除了通过拖曳鼠标的方式填充序号，还可以通过"序列"功能填充序号。下面介绍在Excel中利用"序列"功能填充员工工号的操作方法。

扫码看教学视频

步骤01 打开一个工作表，如图2-44所示。

步骤02 在A2单元格中输入员工所对应的工号1001，如图2-45所示。

步骤03 选择A2:A8单元格区域，如图2-46所示。

步骤04 在"开始"功能区的"编辑"面板中，❶单击"填充"下拉按钮，在打开的下拉列表框中，❷选择"序列"选项，如图2-47所示。

	A	B	C	D	E
1	工号	员工	岗位职称	所属部门	
2		空青	总监	美工部	
3		冬葵	经理	美工部	
4		冬青	副经理	美工部	
5		芜华	部长	美工部	
6		白芍	组长	美工部	
7		南星	组长	美工部	
8		远志	助理	美工部	
9					

打开

图 2-44 打开一个工作表

	A	B	C	D	E
1	工号	员工	岗位职称	所属部门	
2	1001	空青	总监	美工部	
3		冬葵	经理	美工部	
4		冬青	副经理	美工部	
5		芜华	部长	美工部	
6		白芍	组长	美工部	
7		南星	组长	美工部	
8		远志	助理	美工部	
9					

输入

图 2-45 输入员工工号 1001

图 2-46 选择 A2:A8 单元格区域

图 2-47 选择"序列"选项

步骤 05 执行操作后，即可弹出"序列"对话框，单击"确定"按钮，如图2-48所示。

步骤 06 执行操作后，即可填充连续的工号，如图2-49所示。

图 2-48 单击"确定"按钮

	A	B	C	D	E
1	工号	员工	岗位职称	所属部门	
2	1001	空青	总监	美工部	
3	1002	冬葵	经理	美工部	
4	1003	冬青	副经理	美工部	
5	1004	芜华	部长	美工部	
6	1005	白芍	组长	美工部	
7	1006	南星	组长	美工部	
8	1007	远志	助理	美工部	
9					

添加

图 2-49 填充连续的工号

2.2.6　为每隔一行的单元格填色

扫码看教学视频

当工作表中的数据行列过多时，可以每隔一行或每隔一列单元格填充背景颜色。在Excel中，用户可以通过拖曳鼠标的方式填充单元格的格式，为每隔一行的单元格填充背景颜色，下面介绍具体的操作方法。

步骤01 打开一个工作表，如图2-50所示。

步骤02 选择第3行单元格数据区域，如图2-51所示。

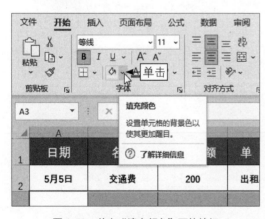

图 2-50　打开一个工作表

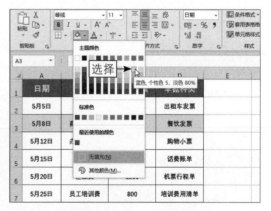

图 2-51　选择第 3 行单元格数据区域

步骤03 在"开始"功能区的"字体"面板中，单击"填充颜色"下拉按钮，如图2-52所示。

步骤04 打开下拉列表框，选择"蓝色，个性色5，淡色80%"色块，如图2-53所示。

图 2-52　单击"填充颜色"下拉按钮

图 2-53　选择一个颜色色块

步骤05 执行操作后，即可填充所选单元格的背景颜色，如图2-54所示。

步骤06 选择第2行和第3行单元格数据区域，如图2-55所示。

步骤07 将鼠标移至D3单元格的右下角，如图2-56所示。

步骤08 按住鼠标左键并向下拖曳至D7单元格，释放鼠标，可以看到单元格除了背景格式被填充了，原来的数据内容也被改动了，效果如图2-57所示。

图 2-54　填充单元格背景颜色

图 2-55　选择第 2 行和第 3 行单元格数据区域

图 2-56　移动鼠标位置

图 2-57　拖曳鼠标后的填充效果

步骤09 ❶单击"自动填充选项"按钮，在打开的下拉列表框中，❷选择"仅填充格式"选项，如图2-58所示。

步骤10 执行操作后，即可恢复原来的数据，仅填充单元格格式，为表格隔行填色，效果如图2-59所示。

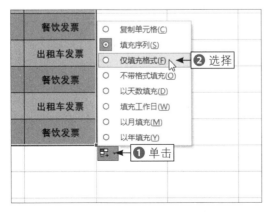

图 2-58　选择"仅填充格式"选项

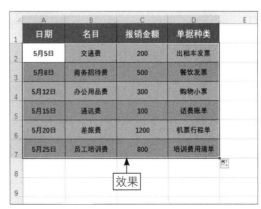

图 2-59　为表格隔行填色效果

2.2.7　建立个人专属的填充序列

在Excel中自动填充连续的序号时，"一、二、三、四、五……"这样的中文数字序列在默认情况下是无法进行连续填充的，如果是用得比较频繁的序列序号，用户可以建立个人专属的填充序列。下面介绍具体的操作方法。

扫码看教学视频

步骤01 打开一个工作簿，该工作簿中包含了两个工作表，其中"序列"工作表用于建立个人专属填充序列，Sheet1工作表用于验证建立的序列，如图2-60所示。

图 2-60　两个工作表

步骤02 单击"文件"菜单，在导航栏中选择"选项"命令，如图2-61所示。

步骤03 弹出"Excel选项"对话框，❶选择"高级"选项；❷在右边的面板中单击"编辑自定义列表"按钮，如图2-62所示。

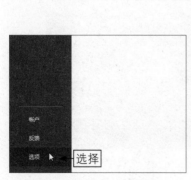

图 2-61　选择"选项"命令

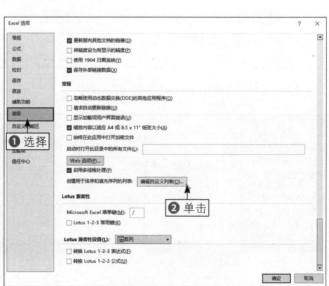

图 2-62　单击"编辑自定义列表"按钮

步骤 04 弹出"自定义序列"对话框，在"输入序列"文本框中单击，使文本框呈可编辑状态，如图2-63所示，用户可以在此处直接输入序列。

步骤 05 在"从单元格中导入序列"文本框的右侧单击引用按钮 ↑，如图2-64所示。

图 2-63　单击使文本框可编辑

图 2-64　单击引用按钮

步骤 06 弹出"自定义序列"文本框，在"序列"工作表中选择A2:A8单元格区域，如图2-65所示，以此引用所选单元格中的内容。

步骤 07 按【Enter】键确认，在返回的对话框中单击"导入"按钮，如图2-66所示。

图 2-65　选择 A2:A8 单元格区域

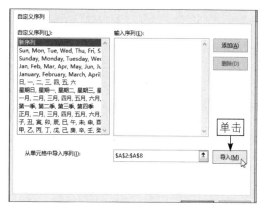

图 2-66　单击"导入"按钮

步骤 08 执行上述操作后，❶即可将所选内容导入到"输入序列"文本框中；❷并在"自定义序列"列表框中生成了新的序列，如图2-67所示。

步骤 09 单击"确定"按钮，返回上一个对话框，继续单击"确定"按钮，返回工作表，切换至Sheet1工作表中，在A2单元格中输入"周一"，如图2-68所示。

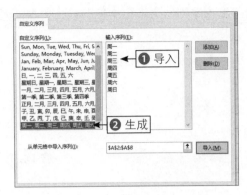

	图 2-67　生成新的序列			图 2-68　输入"周一"

步骤 10 将鼠标移到A2单元格的右下角，当鼠标呈十字形状时，按住鼠标左键并向下，拖曳至A8单元格，释放鼠标，即可填充新建的序列，如图2-69所示。

图 2-69　填充新建的序列

2.3 智能填充数据

通过2.2节的学习，想必大家对填充数据的操作方法都有了一定的了解，不过Excel中的填充功能除了用来填充相同的内容和连续的序号，还可以用来智能提取、拆分工作表中的数据信息，如提取身份证号码中的出生日期、添加前缀名称、合并多列数据和拆分多列数据等。

2.3.1 智能提取出生日期

一提到提取身份证号码中的出生日期，很多人都会想到用函数、代码或公式来提取，其实根本不用那么麻烦，下面介绍一个可以在身份证号码中智能提取出生日期的操作方法，相信可以帮助读者节省很多烦琐的步骤。

扫码看教学视频

步骤 01 打开一个工作表，如图2-70所示，其中A列显示的是身份证号码，需要在B列将身份证号码中的出生日期提取出来。

步骤 02 选择B2单元格，在其中输入A2单元格中标记为红色字体的出生日期，按【Enter】键确认，如图2-71所示。

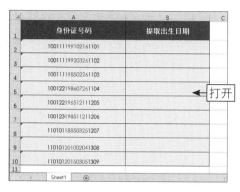

图 2-70 打开一个工作表

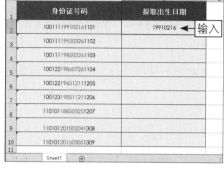

图 2-71 输入出生日期

步骤 03 执行上述操作后，双击B2单元格右下角，即可填充数据至B10单元格，如图2-72所示。

步骤 04 ❶单击"自动填充选项"按钮 ，在打开的下拉列表框中，❷选择"快速填充"选项，如图2-73所示。

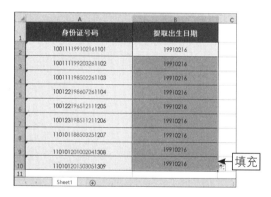

图 2-72 填充数据至 B10 单元格

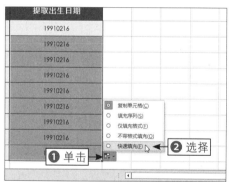

图 2-73 选择"快速填充"选项

步骤 05 执行操作后，即可智能提取身份证号码中的出生日期，效果如图2-74所示。

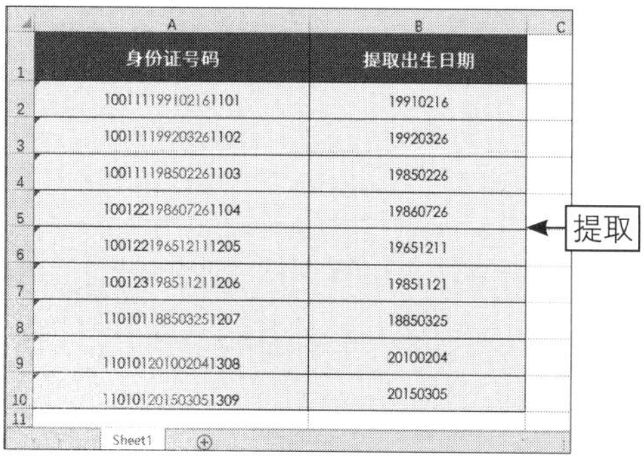

图 2-74 智能提取身份证号码中的出生日期

2.3.2 智能添加前缀名称

扫码看教学视频

在2.3.1小节中，介绍了通过填充的方式在已有的数据中提取内容，下面介绍"无中生有"的方法，为原来的内容添加一个统一的前缀名称。

步骤01 打开一个工作表，如图2-75所示，其中A列显示的是原来的文章名称，需要在B列单元格中为文章添加统一的前缀名称"手机摄影："。

步骤02 双击A2单元格，选择文章名称，按【Ctrl+C】组合键复制，如图2-76所示。

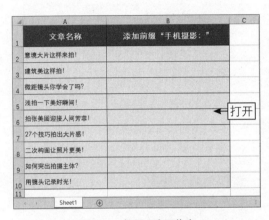

图 2-75 打开一个工作表   图 2-76 复制文章名称

步骤03 选择B2单元格，在其中输入前缀名称"手机摄影："，如图2-77所示。

步骤04 执行操作后，按【Ctrl+V】组合键粘贴文章名称，如图2-78所示。

图 2-77 输入前缀名称   图 2-78 粘贴文章名称

步骤05 双击B2单元格的右下角，即可填充内容至B10单元格，如图2-79所示。

步骤06 ❶单击"自动填充选项"按钮🔧▾，在打开的下拉列表框中，❷选择"快速填充"选项，如图2-80所示。

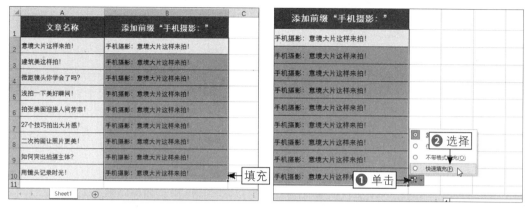

图 2-79 填充内容至 B10 单元格　　　图 2-80 选择"快速填充"选项

步骤07 执行操作后，即可智能添加前缀名称，效果如图2-81所示。

图 2-81 智能添加前缀名称

2.3.3 智能组合姓与职称

扫码看教学视频

在一些报表中，一般不会直接将主管、经理等人员的名称写在里面，而是用××主管、××经理来代替称呼，这样既可以知道指的是谁，又可以点明其职位等级，下面介绍通过填充功能智能组合员工的姓和职称字符串的具体操作方法。

步骤01 打开一个工作表，如图2-82所示，其中A列显示的是员工名称，B列显示的是岗位职称，需要在C列将员工的姓与岗位职称组合为一个新的称呼。

步骤02 选择C2单元格，在其中输入姓与岗位职称组合后的称呼"赵总监"，按【Enter】键确认，如图2-83所示。

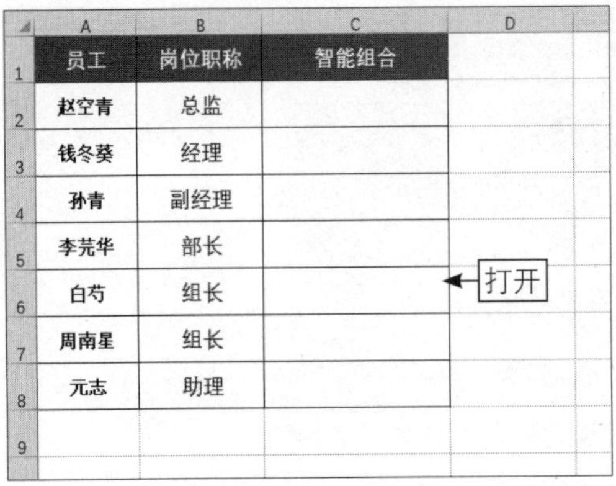

图 2-82 打开一个工作表 　　　　　图 2-83 输入组合后的称呼

步骤 03 输入完成后，选择C2:C8单元格区域，如图2-84所示。

步骤 04 在"开始"功能区的"编辑"面板中，❶单击"填充"下拉按钮，在打开的下拉列表框中，❷选择"快速填充"选项，如图2-85所示。

图 2-84 选择 C2:C8 单元格区域

图 2-85 选择"快速填充"选项

步骤 05 执行操作后，即可通过"快速填充"功能，智能组合员工的姓与职称，效果如图2-86所示。

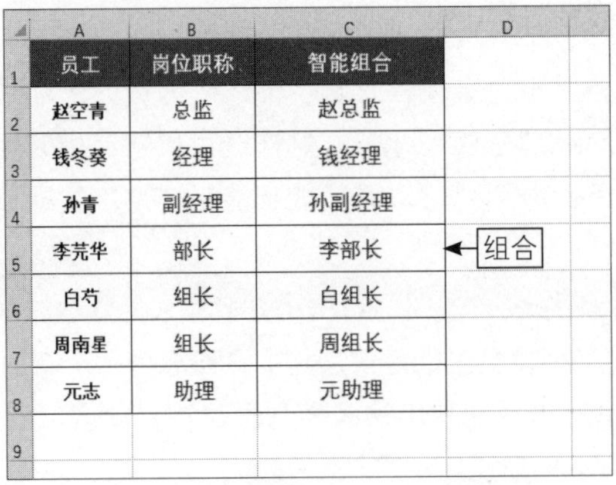

图 2-86 智能组合员工的姓与职称

2.3.4 智能提取手机号码

日常办公时，经常需要置换表格内容，从工作表原来的数据信息中，提取保留需要的部分数据信息，如从括号内将手机号码提取出来。下面介绍通过填充功能智能提取手机号码的操作方法。

步骤01 打开一个工作表，如图2-87所示，其中A列显示的是姓名和手机号码，需要在B列将括号内的手机号码单独提取出来。

步骤02 选择B2单元格，在其中输入A2单元格括号中的手机号码，按【Enter】键确认，如图2-88所示。

图 2-87　打开一个工作表

图 2-88　输入手机号码

步骤03 输入完成后，选择B2:B9单元格区域，如图2-89所示。

图 2-89　选择 B2:B9 单元格区域

步骤04 在"开始"功能区中的"编辑"面板中，❶单击"填充"下拉按钮，在打开的下拉列表框中，❷选择"快速填充"选项，如图2-90所示。

步骤05 执行操作后，即可通过"快速填充"功能智能提取手机号码，效果如图2-91所示。

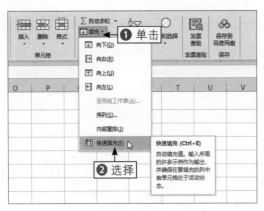

图 2-90　选择"快速填充"选项

图 2-91　智能提取手机号码

2.3.5　智能合并多列数据

扫码看教学视频

在Excel中，可以将多列中的文本内容合并为一句话，以便使用，如将省、市、区多列数据合并为一个地址信息。下面介绍通过填充快捷键智能合并多列数据的具体操作方法。

步骤01 打开一个工作表，如图2-92所示，其中A列显示的是省，B列显示的是市，C列显示的是区，需要在D列将前3列中的信息合并起来。

步骤02 选择D2单元格，在其中输入A2:C2单元格数据合并后完整的省、市、区地址信息，按【Enter】键确认，如图2-93所示。

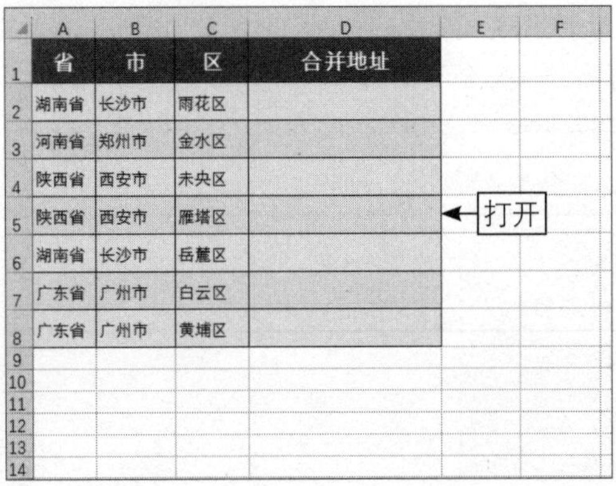

图 2-92　打开一个工作表

图 2-93　输入完整的省、市、区地址信息

步骤03 输入完成后，选择D2:D8单元格区域，如图2-94所示。

步骤04 然后按【Ctrl+E】组合键，快速填充选择的单元格，将A:C列中的省、市、区多列数据合并至D列中，如图2-95所示。

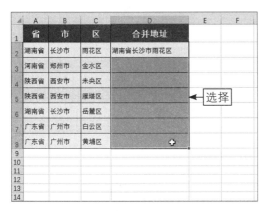

图 2-94　选择 D2:D8 单元格区域

图 2-95　合并省、市、区多列数据信息至 D 列

2.3.6　智能拆分多列数据

在Excel中，可以将多列中的文本内容合并为一句话，那么反过来也可以将一列中的文本内容拆分成多列数据，例如，将合并的地址信息拆分成省、市、区多列数据，以便进行排序、筛选等操作。下面介绍通过填充快捷键智能拆分多列数据的具体操作方法。

扫码看教学视频

步骤01 打开一个工作表，如图2-96所示，其中A列显示的是合并地址，需要将省拆分至B列，将市拆分至C列，将区拆分至D列。

步骤02 在B2:D2单元格中，分别输入相应的省、市、区地址信息，按【Enter】键确认，如图2-97所示。

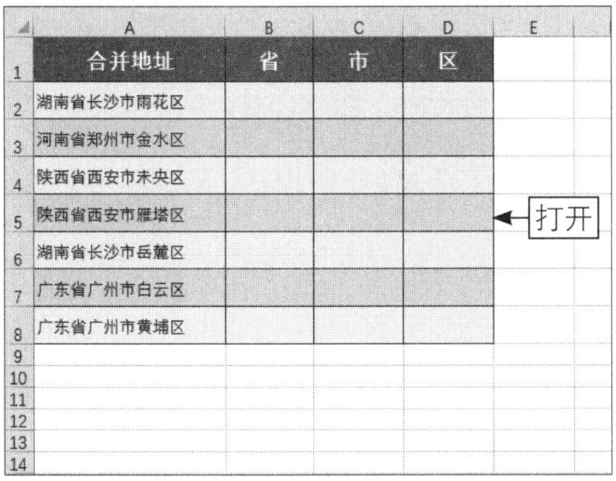

图 2-96　打开一个工作表

图 2-97　输入相应的省、市、区地址信息

步骤03 输入完成后，选择B2:B8单元格区域，如图2-98所示。

步骤04 然后按【Ctrl+E】组合键，快速填充选择的单元格，将A列中的省数据拆分至B列，如图2-99所示。

图 2-98　选择 B2:B8 单元格区域　　　　　　图 2-99　将省数据拆分至 B 列

步骤05 执行上述操作后，用与上同样的方法，将市数据拆分至C列，如图2-100所示。

步骤06 继续用与上同样的方法，将区数据拆分至D列，如图2-101所示。

图 2-100　将市数据拆分至 C 列　　　　　　图 2-101　将区数据拆分至 D 列

★ 专 家 提 醒 ★

在操作过程中，需要注意以下几个细节。

（1）当用户按快捷键后弹出识别出错信息提示框时，可以双击首行单元格，再次选中需要填充的单元格重试一遍即可。

（2）当用户发现拆分后的数据信息有误后，可双击错误的单元格修改其中内容，如果修改后其他单元格中的数据发生变化，可撤销后重试。

本章小结

本章主要介绍了在Excel工作表中快速输入和填充数据资料的操作方法，首先介绍了通过下拉清单填充数据的操作方法，然后介绍了自动填充数据的操作方法，最后介绍了智能填充数据的操作方法。通过对本章的学习，希望读者能够更好地掌握Excel中的各种输入和填充操作。

课后习题

鉴于本章知识的重要性，为了帮助读者更好地掌握所学知识，本节将通过课后习题，帮助读者进行简单的知识回顾和补充。

扫码看教学视频

1. 使用【Alt+Enter】组合键和【Ctrl+E】组合键，使工作表中的姓名和地址换行显示，如图2-102所示。

	A	B
1	**邮寄信息**	**换行显示**
2	姓名：张三 地址：湖南省长沙市***	姓名：张三 地址：湖南省长沙市***
3	姓名：李四 地址：四川省成都市***	姓名：李四 地址：四川省成都市***
4	姓名：王五 地址：河北省石家庄市***	姓名：王五 地址：河北省石家庄市***
5	姓名：赵六 地址：陕西省西安市***	姓名：赵六 地址：陕西省西安市***
6	姓名：孙七 地址：云南省昆明市***	姓名：孙七 地址：云南省昆明市***
7	姓名：周八 地址：广西省南宁市***	姓名：周八 地址：广西省南宁市***
8	姓名：陆九 地址：广东省广州市***	姓名：陆九 地址：广东省广州市***
9		

图 2-102　换行显示收件人的姓名和地址信息

扫码看教学视频

2. 使用"快速填充"功能，将工作表中的银行卡号进行分段显示，如图2-103所示。

	A	B
1	**银行卡号**	**分段显示**
2	6008xxxxxxxxxxx535	6008 xxxx xxxx xxxx 535
3	6008xxxxxxxxxxx155	6008 xxxx xxxx xxxx 155
4	6008xxxxxxxxxxx556	6008 xxxx xxxx xxxx 556
5	6008xxxxxxxxxxx965	6008 xxxx xxxx xxxx 965
6	6008xxxxxxxxxxx456	6008 xxxx xxxx xxxx 456
7	6008xxxxxxxxxxx554	6008 xxxx xxxx xxxx 554
8	6008xxxxxxxxxxx153	6008 xxxx xxxx xxxx 153
9	6008xxxxxxxxxxx895	6008 xxxx xxxx xxxx 895
10		
11		

图 2-103　分段显示银行卡号

第3章
智能助手：掌握ChatGPT
基本用法

ChatGPT是一款基于人工智能（Artificial Intelligence，AI）技术的自然语言处理系统，是可以人机交互的智能助手，不仅可以自动问答，还可以通过自动化和优化流程来提高办公效率、智能分析数据，帮助用户讲解函数、制作表格及检查公式等。本章将详细介绍ChatGPT，帮助读者快速掌握ChatGPT的基本用法。

3.1 初识ChatGPT

ChatGPT为人类提供了一种全新的交流方式，它可以模仿人类的语言行为，实现人机之间的自然语言交互。ChatGPT可以用于智能客服、虚拟助手、自动问答系统等场景，提供自然、高效的人机交互体验。本节将详细介绍ChatGPT的相关知识和注册技巧，帮助读者更加深入地了解ChatGPT。

3.1.1 了解 ChatGPT 的历史发展

ChatGPT的历史可以追溯到2018年，当时OpenAI公司发布了第一个基于GPT-1架构的语言模型。在接下来的几年中，OpenAI不断改进和升级这个系统，推出了GPT-2、GPT-3、GPT-3.5及GPT-4等版本，使得它的处理能力和语言生成质量都得到了大幅提升。

ChatGPT的发展离不开深度学习和自然语言处理技术的不断进步，这些技术的发展使得机器可以更好地理解人类语言，并且能够进行更加精准和智能的回复。ChatGPT采用深度学习技术，通过学习和处理大量的语言数据集，具备了自然语言理解和生成的能力。

自然语言处理（Natural Language Processing，NLP）是计算机科学与人工智能交叉的一个领域，它致力于研究计算机如何理解、处理和生成自然语言，是人工智能领域的一个重要分支。自然语言处理的发展史可以分为以下几个阶段，如图3-1所示。

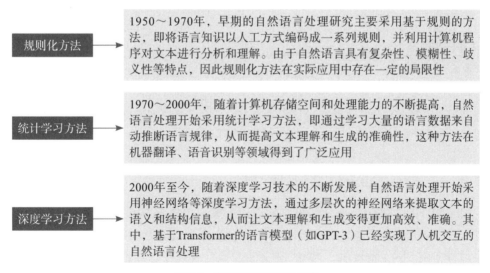

图 3-1 自然语言处理的发展史

★ 专 家 提 醒 ★

Transformer 是一种用于自然语言处理的神经网络模型，它使用了自注意力机制（Self-Attention Mechanism）来对输入的序列进行编码和解码，从而理解和生成自然语言文本。大规模的数据集和强大的计算能力，也是推动 ChatGPT 发展的重要因素。在不断积累和学习人类语言数据的基础上，ChatGPT 的语言生成和对话能力越来越强大，能够实现更加自然流畅和有意义的交互。

总的来说，自然语言处理的发展经历了规则化方法、统计学习方法和深度学习方法3个阶段，每个阶段都有其特点和局限性，未来随着技术的不断进步和应用场景的不断拓展，自然语言处理也将迎来更加广阔的发展前景。

3.1.2　了解 ChatGPT 的产品模式

ChatGPT是一种语言模型，它的产品模式主要是提供自然语言生成和理解的服务。ChatGPT的产品模式包括以下两个方面，如图3-2所示。

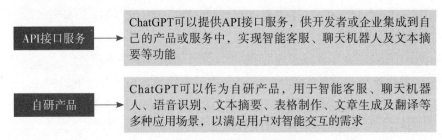

图 3-2　ChatGPT 的产品模式

无论是提供API接口服务还是自研产品，ChatGPT都需要在数据预处理、模型训练、服务部署、性能优化等方面进行不断优化，以提供更高效、更准确、更智能的服务，从而赢得用户的信任和认可。

★ 专 家 提 醒 ★

应用程序编程接口（Application Programming Interface，API）服务是一种提供给其他应用程序访问和使用的软件接口。在人工智能领域中，开发者或企业可以通过 API 接口服务将自然语言处理或计算机视觉等技术集成到自己的产品或服务中，以提供更智能的功能和服务。

3.1.3　了解 ChatGPT 的主要功能

ChatGPT的主要功能是自然语言处理和生成，包括文本的自动摘要、文本分类、对话生成、文本翻译、语音识别及语音合成等方面。ChatGPT可以接受输入的文本、语音等形式，然后对其进行语言理解、分析和处理，最终生成相应的输出结果。

例如，用户可以在ChatGPT中输入"请帮我用表格的形式列举一下SUM函数的公式用法"，ChatGPT将自动检测用户输入的语言文本，并根据用户的要求以表格的形式列举了SUM函数的公式用法，如图3-3所示。

图 3-3 ChatGPT 的文本处理功能

ChatGPT主要基于深度学习和自然语言处理等技术来实现这些功能，它采用了类似于神经网络的模型进行训练和推理，模拟人类的语言处理和生成能力，可以处理大规模的自然语言数据，生成质量高、连贯性强的语言模型，具有广泛的应用前景。

★ 专 家 提 醒 ★

除了以上提到的常见功能，ChatGPT 还可以应用于自动信息检索、推荐系统及智能客服等领域，为各种应用场景提供更加智能、高效的语言处理和生成能力。

3.1.4 注册 ChatGPT 并登录账号

要使用ChatGPT，用户首先要注册一个OpenAI账号，不过目前在国内是很难实现的，不仅有着严格的网络要求（注意，国内用户无法直接登录OpenAI的官网），而且只能使用国外手机号进行注册。另外，目前ChatGPT没有对国内用户提供注册服务，注册和使用ChatGPT都需要使用国外的网络环境。

扫码看教学视频

下面简单介绍一下ChatGPT的注册与登录方法。

步骤01 打开OpenAI官网，单击页面下方的Learn about GPT-4（了解GPT-4）按钮，如图3-4所示。

步骤02 执行操作后，在打开的新页面中单击Try on ChatGPT Plus（试用ChatGPT Plus）按钮，如图3-5所示。

步骤03 执行操作后，在打开的新页面中单击白色的方框，进行真人验证，如图3-6所示。

图 3-4 单击 Learn about GPT-4 按钮

图 3-5 单击 Try on ChatGPT Plus 按钮

图 3-6 单击白色的方框进行真人验证

步骤 04 执行操作后，进入ChatGPT的登录页面，单击Sign up（注册）按钮，如图3-7所示。注意，如果是已经注册了账号的用户，可以直接在此处单击Log in（登录）按钮，输入相应的邮箱地址和密码，即可登录ChatGPT。

步骤 05 执行操作后，进入Create your account（创建您的账户）页面，输入相应的邮箱地址，如图3-8所示，也可以直接使用微软或谷歌账号进行登录。

图3-7　单击 Sign up 按钮

步骤06 单击Continue（继续）按钮，在新打开的页面中输入相应的密码（至少8个字符），如图3-9所示。

图3-8　输入相应的邮箱地址

图3-9　输入密码

步骤07 单击Continue（继续）按钮，邮箱通过后，系统会提示用户输入姓名并进行手机验证，按照要求进行设置即可完成注册，然后就可以使用ChatGPT了。

3.1.5　掌握 ChatGPT 的基本用法

登录ChatGPT后，将会打开ChatGPT的聊天窗口，即可开始进行对话，用户可以输入任何问题或话题，ChatGPT将尝试回答并提供与主题有关的信息，下面介绍具体的操作方法。

扫码看教学视频

步骤01 打开ChatGPT的聊天窗口，单击底部的输入框，如图3-10所示。

步骤02 输入相应的关键词，如"对比一下SUM函数和SUMIF函数的不同之处，并做成表格"，如图3-11所示。

人工智能ChatGPT+Excel办公应用从入门到精通

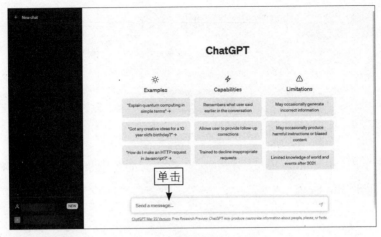

图 3-10　单击底部的输入框

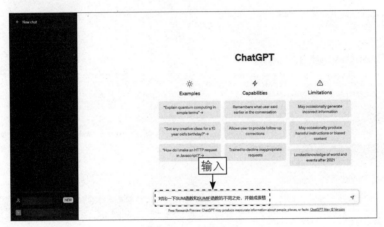

图 3-11　输入关键词

步骤 03 单击输入框右侧的发送按钮 ⊲ 或按【Enter】键，ChatGPT即可根据要求生成相应的表格，如图3-12所示。

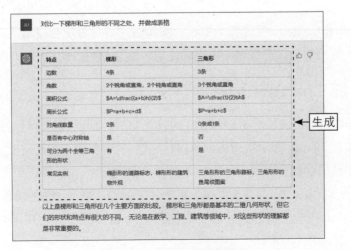

图 3-12　ChatGPT 生成相应的表格

3.1.6 管理 ChatGPT 的聊天窗口

扫码看教学视频

在ChatGPT中，用户每次登录账号后都会默认进入一个新的聊天窗口，而之前建立的聊天窗口则会自动保存在左侧的面板中，用户可以根据需要对聊天窗口进行管理，包括新建、删除及重命名等，下面介绍具体的操作方法。

步骤01 打开ChatGPT并进入一个使用过的聊天窗口，在左上角单击New chat按钮，如图3-13所示。

图 3-13 单击 New chat 按钮

步骤02 执行上述操作后，即可新建一个聊天窗口，如图3-14所示。

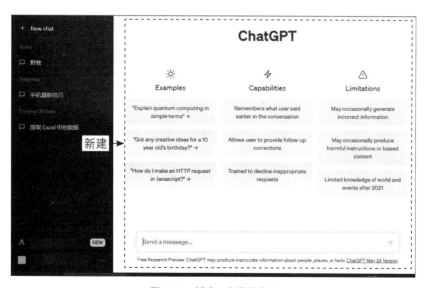

图 3-14 新建一个聊天窗口

步骤03 ❶选择"野营"聊天窗口，即可退出新建窗口，切换至"野营"聊天窗口中；❷单击✐按钮，如图3-15所示。

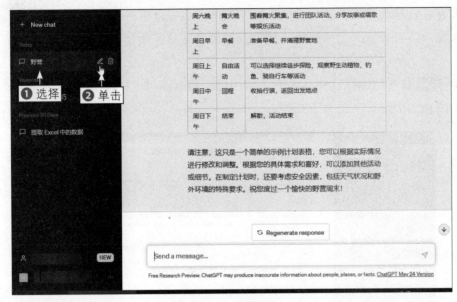

图 3-15　单击✐按钮

步骤04 执行操作后，即可呈现名称编辑文本框，❶在文本框中可以修改名称；❷单击✓按钮，如图3-16所示，完成聊天窗口的重命名操作。

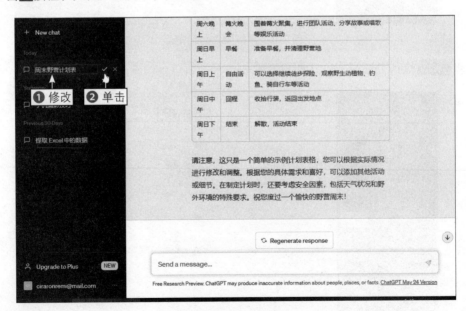

图 3-16　重命名聊天窗口

步骤05 单击聊天窗口名称右侧的🗑按钮，如图3-17所示。

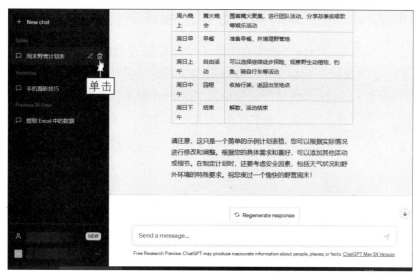

图 3-17 单击🗑按钮

步骤 06 执行操作后，弹出删除提示，❶如果确认删除聊天窗口，则单击✔按钮；❷如果不想删除聊天窗口，则单击✖按钮，如图3-18所示。

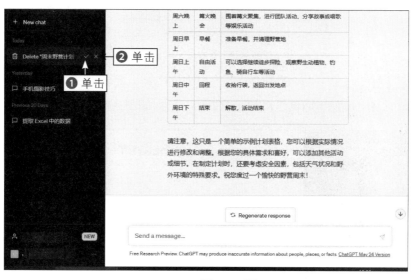

图 3-18 单击✔按钮或✖按钮

3.2 智能运用ChatGPT

前面介绍了ChatGPT的历史发展、主要功能、注册登录账号及基本用法等知识内容，本节将介绍如何智能运用ChatGPT标记数据、讲解函数原理、编写函数公式及检查公式的正确性等，协助读者在Excel中高效办公。

3.2.1　向 ChatGPT 询问标记数据的操作方法

在Excel工作表中，当用户需要在工作表中标记重要数据时，如果不知道该用什么方法快速标记数据，可以在ChatGPT中进行提问，ChatGPT会根据问题分析处理，将操作方法反馈给用户，下面介绍具体的操作方法。

步骤01 打开一个工作表，如图3-19所示，需要在C列单元格中标记出销量超过2000的数据。

	A	B	C
1	直播间	带货主播	销量（单）
2	1号	洋洋	2055
3	2号	星尘	1933
4	3号	阿菁	1788
5	4号	小宋	1300
6	5号	薇薇、肖总	2616
7	6号	小梦、叶权	803
8	7号	景怡	1182
9	8号	思思	1355
10	9号	橙橙	964
11	10号	墨墨	2334
12	11号	沈师傅	2100
13	12号	花花	2735
14	13号	小怜	2378
15	14号	阿美、小兰	3768

打开

图 3-19　打开一个工作表

步骤02 打开ChatGPT的聊天窗口，在输入框中输入关键词"在Excel工作表中，如何在C列单元格中标记出销量超过2000的数据？"，如图3-20所示。

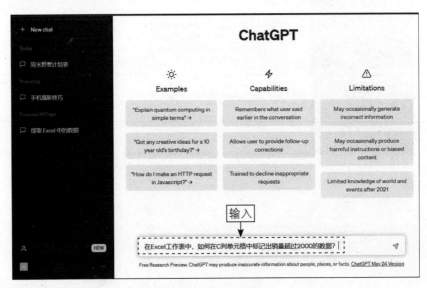

图 3-20　输入关键词

步骤03 按【Enter】键发送，ChatGPT即可根据提问进行回复，并向用户反馈详细的操作步骤，如图3-21所示。

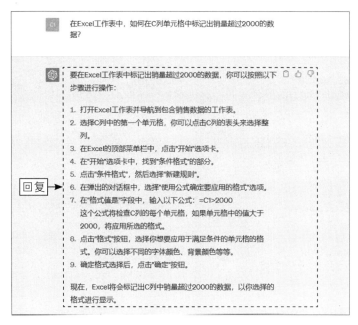

图 3-21　ChatGPT 的回复

步骤 04 接下来，根据ChatGPT回复的操作方法在Excel工作表中进行验证，选择C列，如图3-22所示。

步骤 05 在"开始"功能区的"样式"面板中，❶单击"条件格式"下拉按钮；❷在打开的列表框中选择"新建规则"选项，如图3-23所示。

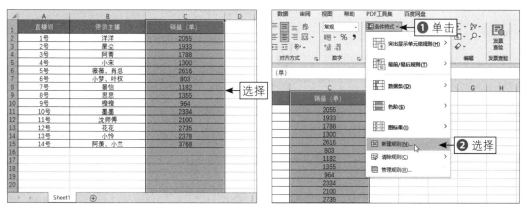

图 3-22　选择 C 列　　　　　　　　图 3-23　选择"新建规则"选项

步骤 06 弹出"新建格式规则"对话框，❶选择"使用公式确定要设置格式的单元格"选项；❷在"为符合此公式的值设置格式"文本框中输入公式：=C1>2000，检查C列单元格中的值是否大于2000；❸单击"格式"按钮，如图3-24所示。

步骤 07 弹出"设置单元格格式"对话框，❶设置"字形"为"加粗"；❷单击"颜色"下拉按钮；❸在打开的面板中选择"红色"色块，以此设置满足公式条件的单元格字体为红色加粗，如图3-25所示。

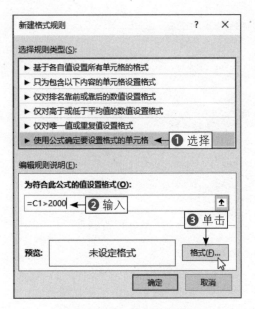

图 3-24　单击"格式"按钮

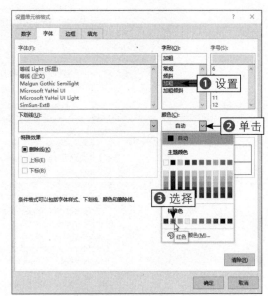

图 3-25　选择"红色"色块

步骤08 单击"确定"按钮返回工作表，查看数据标记效果，如图3-26所示。

	A	B	C	D
1	直播间	带货主播	销量（单）	
2	1号	洋洋	2055	
3	2号	星尘	1933	
4	3号	阿菁	1788	
5	4号	小宋	1300	
6	5号	薇薇、肖总	2616	
7	6号	小梦、叶权	803	
8	7号	景怡	1182	←标记
9	8号	思思	1355	
10	9号	橙橙	964	
11	10号	墨墨	2334	
12	11号	沈师傅	2100	
13	12号	花花	2735	
14	13号	小怜	2378	
15	14号	阿美、小兰	3768	
16				

图 3-26　查看数据标记效果

3.2.2 用 ChatGPT 讲解函数的原理和使用方法

扫码看教学视频

当用户在制表过程中需要用到或者想要了解某个函数的原理和使用方法时，可以不用费劲地在网上搜索相关资料了，直接在ChatGPT中进行提问即可获得，并且还可以根据需要将函数的原理和使用方法以表格的形式呈现出来，下面介绍具体的操作方法。

步骤01 打开ChatGPT的聊天窗口，单击底部的输入框，如图3-27所示。

步骤02 在输入框中输入关键词"请以表格的形式讲解一下Excel中ABS函数的原理和使用方法"，如图3-28所示。

图 3-27　单击底部的输入框

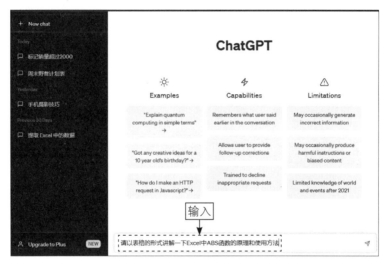

图 3-28　输入关键词

步骤 03 单击输入框右侧的发送按钮 ◁ 或按【Enter】键，ChatGPT即可根据要求以表格的形式讲解ABS函数的原理和使用方法，如图3-29所示。

图 3-29　ChatGPT 以表格形式讲解 ABS 函数的原理和使用方法

步骤04 如果用户还是没有理解，可以在输入框中继续输入"请举一个实例详细讲解一下"，如图3-30所示。

图 3-30　在输入框中继续输入关键词

步骤05 按【Enter】键发送，ChatGPT即可根据前文继续进行对话，根据要求对ABS函数的用法进行举例讲解，如图3-31所示。

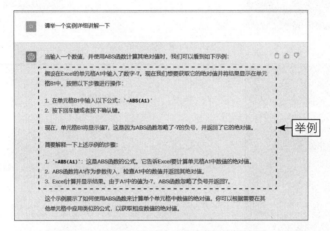

图 3-31　ChatGPT 继续对话并举例讲解函数

3.2.3　用 ChatGPT 完成函数公式的编写

当用户在Excel工作表中编写函数公式时，可以使用ChatGPT帮忙编写一个完整的函数公式，也可以用它来编写未完成的函数公式，下面介绍具体的操作方法。

扫码看教学视频

步骤01 打开一个Excel工作表，其中B列为评分分数，需要在C列中用五角星符号表示星级评定，如图3-32所示。

店铺	评分	星级评定	店铺编码
茶乐奶茶店	3		13310015
醉香饮品	4		18553015
泡饮优品	3		56547863
乐品奶茶店	1		25615846
飞茶	5		44896255
雪糯	4		46258618
茶韵	5		45628722
茶悦小食店	3		15225354
醇香奶茶	2		89921365

图 3-32　打开一个 Excel 工作表

步骤02 打开ChatGPT的聊天窗口，单击底部的输入框，在输入框中输入要求"在Excel工作表中，B列为评分分数，请帮我编写一个函数公式，在C列用五角星符号表示数字评分"，如图3-33所示。

图 3-33 输入要求（1）

步骤03 按【Enter】键发送，ChatGPT即可根据要求编写一个完整的函数公式，并对编写的公式进行了讲解，如图3-34所示。

图 3-34 编写一个完整的函数公式

步骤04 ❶选择编写的函数公式，单击鼠标右键，❷在弹出的快捷菜单中选择"复制"命令，如图3-35所示。

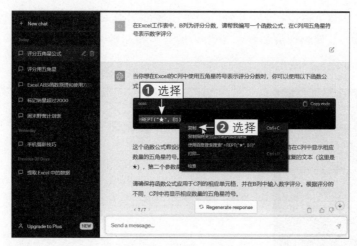

图3-35 选择"复制"命令（1）

步骤05 返回Excel工作表，在C2单元格中粘贴复制的公式并根据实际情况进行修改：=REPT("★",B2)，如图3-36所示。

步骤06 按【Enter】键确认，即可用五角星表示星级评定，如图3-37所示。

	A	B	C	D	E	F
1	店铺	评分	星级评定	店铺编码		
2	茶乐奶茶店	3	=REPT("★", B2)	13310015		
3	醉香饮品	4		18553015		
4	泡饮优品	3		56547863		
5	乐品奶茶店	1		25615846		
6	飞茶	5		44896255		
7	雪糯	4		46258618		
8	茶韵	5		45628722		
9	茶悦小食店	3		15225354		
10	醇香奶茶	2		89921365		
11						

图3-36 粘贴复制的公式并修改

	A	B	C	D	E	F
1	店铺	评分	星级评定	店铺编码		
2	茶乐奶茶店	3	★★★	13310015		
3	醉香饮品	4		18553015		
4	泡饮优品	3		56547863		
5	乐品奶茶店	1		25615846		
6	飞茶	5		44896255		
7	雪糯	4		46258618		
8	茶韵	5		45628722		
9	茶悦小食店	3		15225354		
10	醇香奶茶	2		89921365		
11						

图3-37 用五角星表示星级评定

步骤07 选择C2:C10单元格区域，如图3-38所示。

步骤08 在编辑栏中单击，按【Ctrl+Enter】组合键，即可填充公式，批量用五角星表示星级评定，如图3-39所示。

	A	B	C	D	E	F
1	店铺	评分	星级评定	店铺编码		
2	茶乐奶茶店	3	★★★	13310015		
3	醉香饮品	4		18553015		
4	泡饮优品	3		56547863		
5	乐品奶茶店	1		25615846		
6	飞茶	5		44896255		
7	雪糯	4		46258618		
8	茶韵	5		45628722		
9	茶悦小食店	3		15225354		
10	醇香奶茶	2		89921365		
11						

图3-38 选择 C2:C10 单元格区域

	A	B	C	D	E	F
1	店铺	评分	星级评定	店铺编码		
2	茶乐奶茶店	3	★★★	13310015		
3	醉香饮品	4	★★★★	18553015		
4	泡饮优品	3	★★★	56547863		
5	乐品奶茶店	1	★	25615846		
6	飞茶	5	★★★★★	44896255		
7	雪糯	4	★★★★	46258618		
8	茶韵	5	★★★★★	45628722		
9	茶悦小食店	3	★★★	15225354		
10	醇香奶茶	2	★★	89921365		
11						

图3-39 批量用五角星表示星级评定

步骤09 接下来，需要将"店铺编码"中的中间4位数字用*符号隐藏起来，打开ChatGPT聊天窗口，在输入框中输入要求"D列为店铺编码，需要用*符号将中间的4位数字隐藏起来，请帮我完善一下下面的公式：=REPLACE(D2,3"，如图3-40所示。

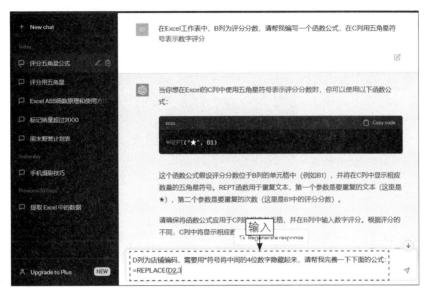

图3-40 输入要求（2）

步骤10 按【Enter】键发送，ChatGPT即可根据要求完善未完成的函数公式，并对公式进行了讲解，如图3-41所示。

图3-41 完善未完成的函数公式

步骤11 ❶选择完善的函数公式，单击鼠标右键，❷在弹出的快捷菜单中选择"复制"命令，如图3-42所示。

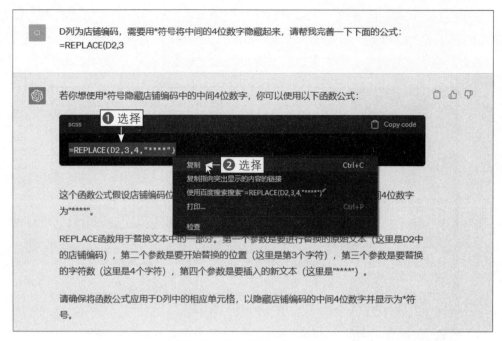

图 3-42　选择"复制"命令（2）

步骤 12 返回 Excel 工作表，选择 D2 单元格，在编辑栏中粘贴复制的公式：=REPLACE(D2,3,4,"****")，如图3-43所示。

店铺	评分	星级评定	店铺编码
茶乐奶茶店	3	★★★	=REPLACE(D2,3,4,"****")
醉香饮品	4	★★★★	18553015
泡饮优品	3	★★★	56547863
乐品奶茶店	1	★	25615846
飞茶	5	★★★★★	44896255
雪糯	4	★★★★	46258618
茶韵	5	★★★★★	45628722
茶悦小食店	3	★★★	15225354
醇香奶茶	2	★★	89921365

图 3-43　粘贴复制的公式

步骤 13 选择原来的店铺编码，按【Ctrl+X】组合键剪切，然后在公式中选择D2，按【Ctrl+V】组合键粘贴，将引用单元格作用的D2替换为店铺编码，如图3-44所示。

步骤 14 按【Enter】键确认，即可将店铺编码中间的4位数字隐藏，如图3-45所示。

步骤 15 复制D2单元格中的公式，选择D3单元格，用与上同样的方法，在编辑栏中粘贴公式，并用D3单元格中的店铺编码替换第一个参数，如图3-46所示。

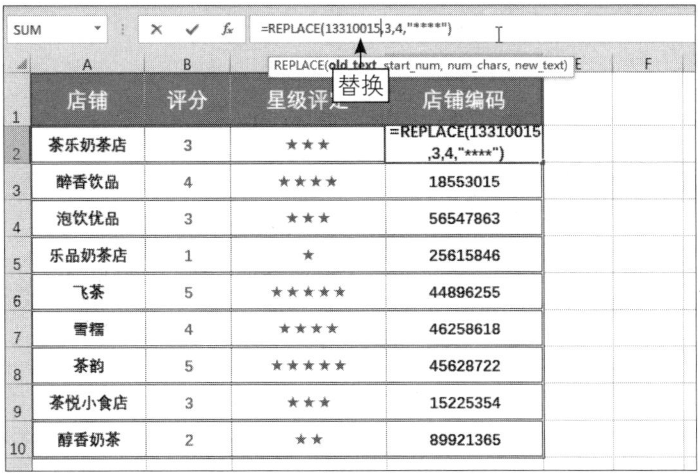

图 3-44　将 D2 替换为店铺编码

图 3-45　将店铺编码中间的 4 位数字隐藏

图 3-46　替换第一个参数

步骤16 执行操作后，用与上同样的方法，隐藏其他店铺编码中间的4位数字，如图3-47所示。

店铺	评分	星级评定	店铺编码
茶乐奶茶店	3	★★★	13****15
醉香饮品	4	★★★★	18****15
泡饮优品	3	★★★	56****63
乐品奶茶店	1	★	25****46
飞茶	5	★★★★★	44****55
雪糯	4	★★★★	46****18
茶韵	5	★★★★★	45****22
茶悦小食店	3	★★★	15****54
醉香奶茶	2	★★	89****65

图 3-47　隐藏其他店铺编码中间的 4 位数字

3.2.4　用 ChatGPT 检查公式的正确性

在Excel工作表中，当用户发现编写的函数公式无法进行计算或者计算错误时，可以使用ChatGPT帮忙检查公式的正确性并完善公式，下面介绍具体的操作方法。

步骤01 打开一个Excel工作表，其中A列为预设的数值，需要在B列中通过公式取A列数值小数位数3位数，如图3-48所示。

步骤02 选择B2单元格，在其中输入公式：=ROUND(A2)，如图3-49所示。

数值	取小数位数3位	
0.131519156		
1.35866		
8.5586349		
5.6556		
4.65689		

←打开

数值	取小数位数3位	
0.131519156	=ROUND(A2)	
1.35866		
8.5586349		
5.6556		
4.65689		

输入

图 3-48　打开一个 Excel 工作表　　　　　图 3-49　输入公式

步骤03 按【Enter】键确认，弹出信息提示框，单击"确定"按钮，如图3-50所示。

步骤04 执行操作后，打开ChatGPT的聊天窗口，单击底部的输入框，在输入框中输入要求"在Excel工作表中，需要在B2单元格中对A2单元格中的数值保留小数位数3位数，请帮我检查公式的正确性并完善此公式：=ROUND(A2)"，如图3-51所示。

图 3-50　单击"确定"按钮

图 3-51　输入要求

步骤 **05** 按【Enter】键发送，ChatGPT即可检查公式并完善公式，如图3-52所示。

图 3-52　ChatGPT 检查公式并完善公式

步骤06 ❶选择编写的函数公式，单击鼠标右键，❷在弹出的快捷菜单中选择"复制"命令，如图3-53所示。

图 3-53　选择"复制"命令

步骤07 返回Excel工作表，在B2单元格中粘贴复制的公式：=ROUND(A2,3)，如图3-54所示。

步骤08 按ChatGPT键确认，即可取A2单元格中的数值小数位数3位数，效果如图3-55所示。

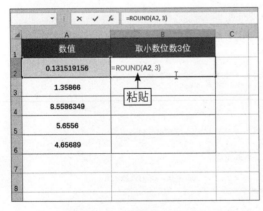

图 3-54　粘贴复制的公式

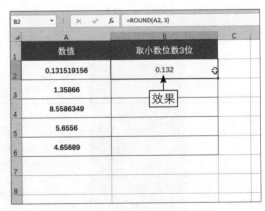

图 3-55　取数值小数位数 3 位数

步骤09 将鼠标移至B2单元格的右下角，按住鼠标左键并向下拖曳至B6单元格，即可填充公式，批量取A列数值小数位数3位数，效果如图3-56所示。

図 3-56　批量取 A 列数值小数位数 3 位数

3.2.5　用 ChatGPT 将资料整理成表格

在Excel中，将现有的资料整理成工作表格其实并不难，根据提供的资料进行分列、分行，依次填入表格并简单美化表格即可。如果资料少，花费的时间便会少一些，制表效率也会更高；但如果资料多，则既耗时又麻烦。此时，不妨请ChatGPT来帮忙，让它根据用户的需求将资料整理成表格，这样既省事又省时，办公效率也能提高很多，下面介绍具体的操作方法。

扫码看教学视频

步骤 01 打开一个记事本，其中显示了多位员工的资料信息，如图3-57所示，需要将记事本中的员工资料整理成表格。

步骤 02 按【Ctrl+A】组合键全选，按【Ctrl+C】组合键复制，如图3-58所示。

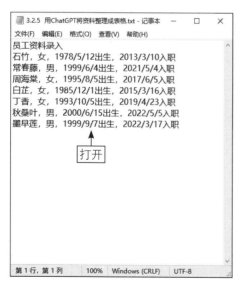

图 3-57　打开一个记事本

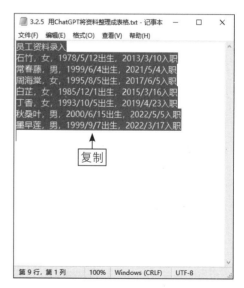

图 3-58　全选并复制资料信息

步骤 03 打开ChatGPT的聊天窗口，单击底部的输入框，在输入框中输入制表要求"请帮我将下面的资料整理成表格："，如图3-59所示。

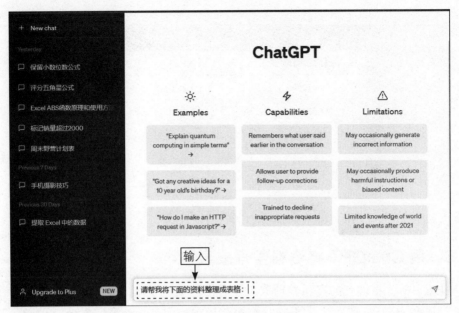

图 3-59 输入制表要求

步骤04 按【Shift+Enter】组合键换行，再按【Ctrl+V】组合键粘贴复制的制表资料，如图3-60所示。

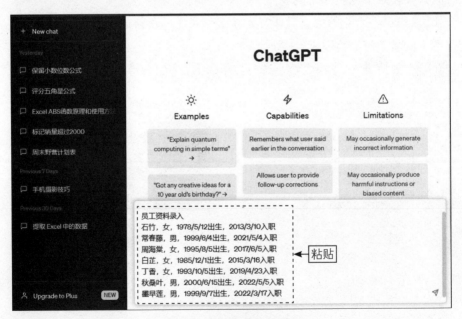

图 3-60 粘贴复制的制表资料

步骤05 按【Enter】键发送，ChatGPT即可将资料整理成表格，如图3-61所示。

步骤06 除了原本提供的资料，还需要在表格中加上员工的年龄和工龄，单击底部的输入框，在输入框中继续输入制表要求"请在表格中加上员工的年龄和工龄"，如图3-62所示。

图 3-61　将资料整理成表格

图 3-62　继续输入制表要求

步骤07 按【Enter】键发送，ChatGPT会根据补充的制表要求重新生成表格，如图3-63所示。

步骤08 ❶选择生成的表格，单击鼠标右键，❷在弹出的快捷菜单中选择"复制"命令，如图3-64所示。

图 3-63　重新生成表格

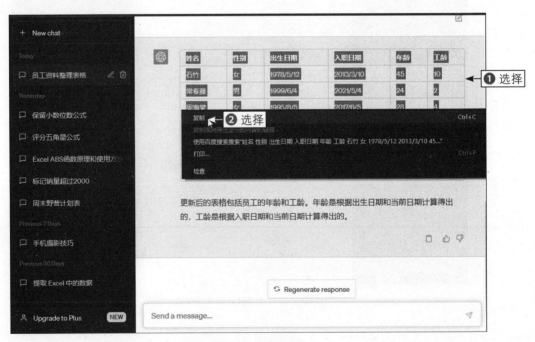

图 3-64　选择"复制"命令

步骤 09 打开Excel工作表，在工作表中按【Ctrl+V】组合键，即可粘贴复制的表格内容，如图3-65所示。

步骤 10 在"开始"功能区的"对齐方式"面板中，分别单击"垂直居中"按钮三和"居中"按钮三，如图3-66所示。

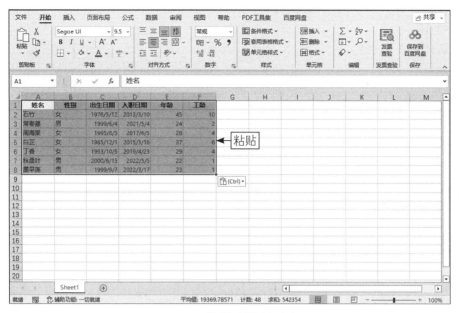

图 3-65　粘贴复制的表格内容

步骤 11 执行操作后，即可设置表格的对齐格式，如图3-67所示。

步骤 12 根据需要调整工作表的行高，效果如图3-68所示。

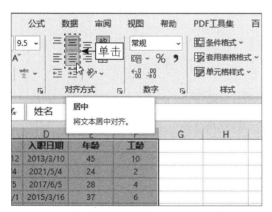

图 3-66　单击"垂直居中"按钮和"居中"按钮　　　图 3-67　设置表格的对齐格式

	A	B	C	D	E	F	G
1	姓名	性别	出生日期	入职日期	年龄	工龄	
2	石竹	女	1978/5/12	2013/3/10	45	10	
3	常春藤	男	1999/6/4	2021/5/4	24	2	
4	周海棠	女	1995/8/5	2017/6/5	28	4	
5	白芷	女	1985/12/1	2015/3/16	37	6	
6	丁香	女	1993/10/5	2019/4/23	29	4	
7	秋桑叶	男	2000/6/15	2022/5/5	22	1	
8	墨早莲	男	1999/9/7	2022/3/17	23	1	
9							

调整

图 3-68　调整工作表的行高效果

本章小结

　　本章主要介绍了智能助手ChatGPT的基本用法，帮助读者了解了ChatGPT的历史发展、主要功能、注册与登录、ChatGPT的使用与管理等操作，并介绍了智能运用ChatGPT标记Excel工作表中的数据、讲解Excel函数公式、编写函数公式，以及将资料整理成Excel表格等操作方法。通过对本章的学习，希望读者能够更好地掌握ChatGPT的使用技巧。

课后习题

　　鉴于本章知识的重要性，为了帮助读者更好地掌握所学知识，本节将通过课后习题，帮助读者进行简单的知识回顾和补充。

　　1. 使用ChatGPT了解Excel中SUMIF函数的原理和使用方法。

　　2. 使用ChatGPT掌握在Excel中删除重复项的操作方法。

第4章
专业统计：用ChatGPT统计求和

在Excel中，经常需要对表格中的数据进行求和统计、计数统计等，本章将介绍在Excel中创建公式的基本操作和通过ChatGPT的协助对表格数据进行快速统计的操作方法，帮助读者快速掌握专业的数据统计技巧，同时提高对ChatGPT和Excel的使用熟练度。

4.1 创建公式的基本操作

在Excel中统计数据前，首先要了解如何建立公式、引用的概念和使用方法、插入函数公式的方法、利用函数清单选择函数等创建公式的基本操作，只有稳固好基础才能举一反三，掌握统计数据的技巧。

4.1.1 快速建立公式

扫码看教学视频

在Excel中统计数据不需要用户手动计算再输入到单元格中，只需要在单元格中建立正确的公式，然后交给Excel自动计算即可快速获得结果。在Excel中建立公式主要有两种，一种是跟数学公式一样，利用加减乘除运算符号，引用单元格进行计算；一种是利用函数，通过参数条件编写符合函数语法的公式，执行特定的计算。

下面将介绍在Excel中快速建立公式的具体操作方法。

步骤01 打开一个工作表，如图4-1所示，需要在工作表中统计总销售额。

步骤02 在建立公式前，首先需要在工作表中理解清楚数据，哪些单元格中的数据是用来计算的，哪些单元格中的数据是需要忽略的。例如在本例中，总销售额只需要使用价格与销售量相乘，忽略库存数据即可。

步骤03 在工作表中选择B5单元格，在其中输入"="符号，如图4-2所示。

产品名称	商品A	商品B	商品C
价格	10	20	30
库存	50	100	75
销售量	25	50	35
总销售额			

打开

图4-1 打开一个工作表

产品名称	商品A	商品B	商品C
价格	10	20	30
库存	50	100	75
销售量	25	50	35
总销售额	=		

输入

图4-2 输入"="符号

步骤04 接下来选择B2单元格，即可引用"价格"数据，如图4-3所示。

步骤05 继续输入乘符号，在键盘上按【*】键，如图4-4所示。

产品名称	商品A	商品B	商品C
价格	10	选择	30
库存	50	100	75
销售量	25	50	35
总销售额	=B2		

图4-3 选择 B2 单元格

产品名称	商品A	商品B	商品C
价格	10	20	30
库存	50	100	75
销售量	25	50	35
总销售额	=B2*		

输入

图4-4 输入乘符号

步骤06 执行操作后，选择B4单元格，即可引用"销售量"数据，如图4-5所示。

步骤07 至此即可建立一个完整的公式：=B2*B4，按【Enter】键确认，即可计算商品A的总销售额，如图4-6所示。

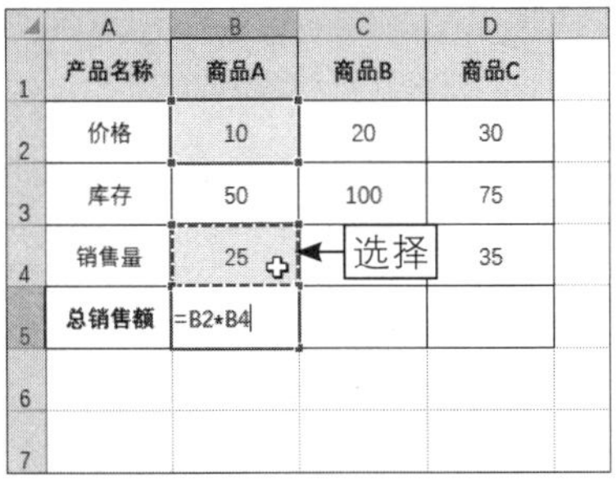

图4-5　选择 B4 单元格

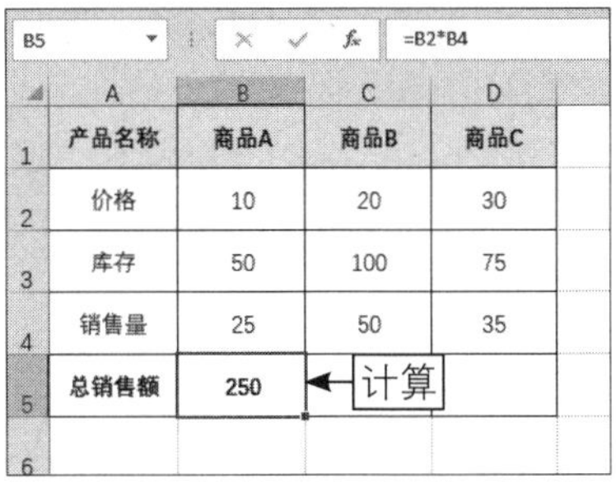

图4-6　计算商品 A 的总销售额

步骤08 拖曳B5单元格的右下角到D5单元格，填充建立的公式，计算商品B和商品C的总销售额，如图4-7所示。

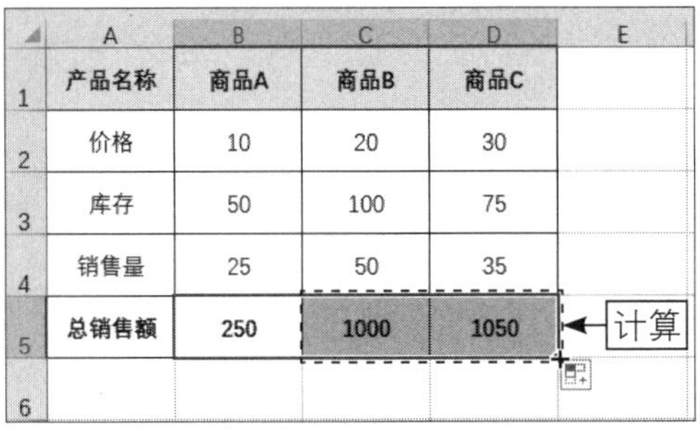

图4-7　计算商品 B 和商品 C 的总销售额

4.1.2　引用的概念和使用

在Excel中，引用单元格是指在某个单元格公式中引用其他单元格的地址，并使用其他单元格中的值，而不必手动输入这些值，为用户提供了更加快捷方便的计算方式。

Excel中的单元格通常用"字母+数字"的方式进行标识，如A1、B2等。这些单元格可以包含各种数据类型，如数字、文本、日期等。用户可以在公式中使用这些单元格的地址来计算、操作其中的数据。例如，如果要将A1和A2单元格中的值相加，并将结果显示在A3单元格中，可以在A3单元格中输入公式：=A1+A2，其中+符号是Excel中的求和运算符，而A1和A2是引用单元格，它们分别指向A1和A2单元格中的值。

引用单元格是一项非常灵活和强大的功能，它可以帮助用户快速进行各种复杂的计算和操作，使Excel成为一个非常强大和全面的数据处理工具。在Excel中，引用也分相对引用、绝对引用及混合引用，具体如下。

1. 相对引用

相对引用在Excel中主要用于引用单元格相对位置中的数据进行函数运算。

步骤01 打开一个工作表，在B3单元格中直接输入：=B2，如图4-8所示。

步骤02 按【Enter】键确认，即可引用B2单元格中的数据，返回B3单元格的值为1，如图4-9所示。

图 4-8 直接输入：=B2	图 4-9 返回 B3 单元格的值为 1

步骤03 在B3单元格右下角单击并向右拖曳鼠标，引用单元格会随着位置的移动发生变化，单元格中的公式也会随之由=B2自动调整为=C2，如图4-10所示。

步骤04 同理，向下拖曳后，单元格中的公式会由=B2自动调整为=B3，如图4-11所示。由此可以得出结论，当向右拖曳单元格时，相对引用公式中的列号会发生改变，当向下拖曳时，行号会发生改变。

图 4-10 由 =B2 自动调整为 =C2	图 4-11 由 =B2 自动调整为 =B3

2. 绝对引用

在Excel工作表中，绝对引用总是在指定位置引用单元格中的值，用户可以在引用单元格中通过按【F4】键添加美元符号$，以此来切换引用模式。

步骤01 在B3单元格中输入：=B2，如图4-12所示。

步骤02 执行操作后，按【F4】键，公式中会添加两个美元符号，表示绝对引用单元格，如图4-13所示。

图4-12　输入：=B2

图4-13　绝对引用单元格

步骤03 与相对引用不同的是，无论单元格向哪个方向拖曳，所有单元格中的公式都与B3单元格中一样，不会发生任何变化，如图4-14所示。

图4-14　拖曳单元格绝对引用

3.混合引用

在Excel中，混合引用相当于将绝对引用和相对引用混合重组，可以同时相对引用行、绝对引用列或绝对引用行、相对引用列。

步骤01 在B3单元格中输入：=B2，第1次按【F4】键可以绝对引用，然后第2次按【F4】键，公式会变为=B$2，表示相对引用列、绝对引用行，如图4-15所示。

扫码看教学视频

步骤02 向下拖曳单元格后，公式不变，依旧是=B$2，即将行固定了，如图4-16所示。

步骤03 向右拖曳单元格后，公式会变为=C$2，即列变行不变，如图4-17所示。

图 4-15　相对引用列、绝对引用行

图 4-16　公式不变，固定行

步骤04 在B3单元格中第3次按【F4】键，公式会变为=$B2，表示绝对引用列、相对引用行，如图4-18所示。

图 4-17　列变行不变

图 4-18　绝对引用列、相对引用行

步骤05 向右拖曳单元格后，公式不变，依旧是=$B2，即将列固定了，如图4-19所示。

步骤06 向下拖曳单元格后，公式会变为=$B3，即行变列不变，如图4-20所示。

图 4-19　公式不变，固定列

图 4-20　行变列不变

★ 专家提醒 ★

在操作过程中，需要注意以下几个细节。

（1）第4次按【F4】键后，公式会变回刚开始输入时的状态。

（2）【F4】键的引用切换功能只对所选中的公式段起作用。

下面通过制作九九乘法表，在实际操作中向读者介绍如何正确运用【F4】键，对单元格进行相对引用、绝对引用及混合引用的切换。

扫码看教学视频

步骤01 在B3单元格中输入：=A3，按3次【F4】键固定列号，效果如图4-21所示。

步骤02 执行操作后，继续完善公式：=$A3*B2，按2次【F4】键固定B2的行号，效果如图4-22所示。

图 4-21 输入公式并固定列号

图 4-22 完善公式并固定 B2 的行号

步骤03 然后按【Enter】键确认，单击B3单元格右下角，并按住鼠标左键向右拖曳至J3单元格，填充公式，效果如图4-23所示。

步骤04 执行操作后，选择B3:J3单元格，向下拖曳鼠标填充公式至第11行，完成九九乘法表的制作，效果如图4-24所示。

图 4-23 向右填充公式

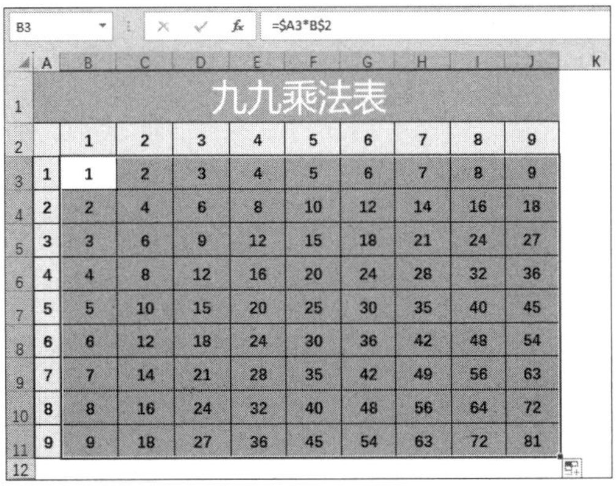

图 4-24 完成九九乘法表的制作

4.1.3 快速插入函数公式

扫码看教学视频

在Excel中，用户可以在编辑栏中快速插入函数公式，发挥Excel强大的运算能力，以此来统计表格数据，下面介绍快速插入函数公式的操作方法。

步骤01 打开一个工作表，如图4-25所示，需要在工作表中统计商品销量。

步骤02 ❶在工作表中选择B6单元格；❷在编辑栏中单击"插入函数"按钮 f_x，如图4-26所示。

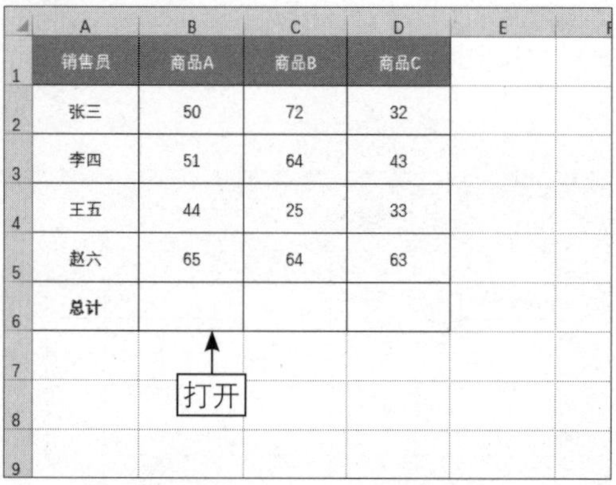

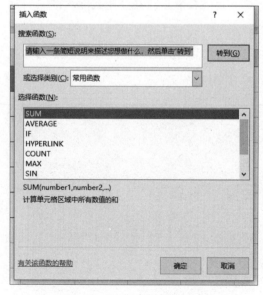

图 4-25 打开一个工作表

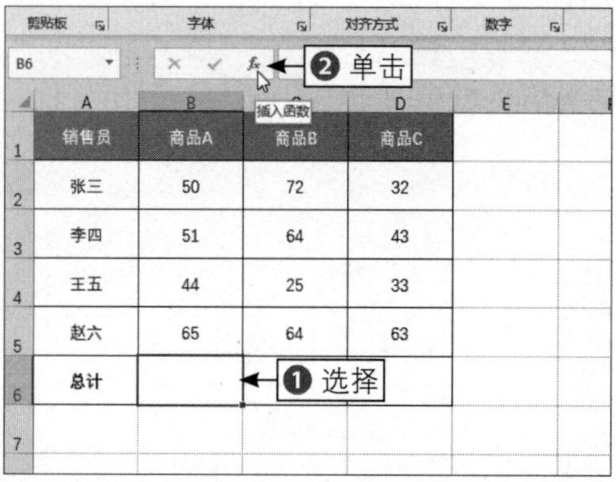

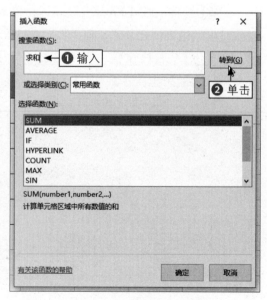

图 4-26 单击"插入函数"按钮

步骤03 弹出"插入函数"对话框，如图4-27所示。

步骤04 用户可以在"搜索函数"下方的文本框中输入想要的函数或者想要做什么运算，❶例如输入"求和"；❷单击"转到"按钮，如图4-28所示。

图 4-27 "插入函数"对话框

图 4-28 单击"转到"按钮

步骤 **05** 执行上述操作后，在"选择函数"列表框中即可显示可以进行求和的函数，这里选择SUM函数，如图4-29所示，在列表框的下方会显示所选函数的公式语法和作用。

步骤 **06** 单击"确定"按钮，弹出"函数参数"对话框，在Number1文本框中已经自动引用了单元格区域，表示计算B2:B5单元格区域中的值，如图4-30所示。

图 4-29 选择 SUM 函数

图 4-30 自动引用单元格区域

步骤 **07** 单击"确定"按钮，即可在B6单元格中返回计算的值，如图4-31所示。

步骤 **08** 选择B6单元格，拖曳单元格右下角至D6单元格中，填充公式，批量计算商品B和商品C的总销量，如图4-32所示。

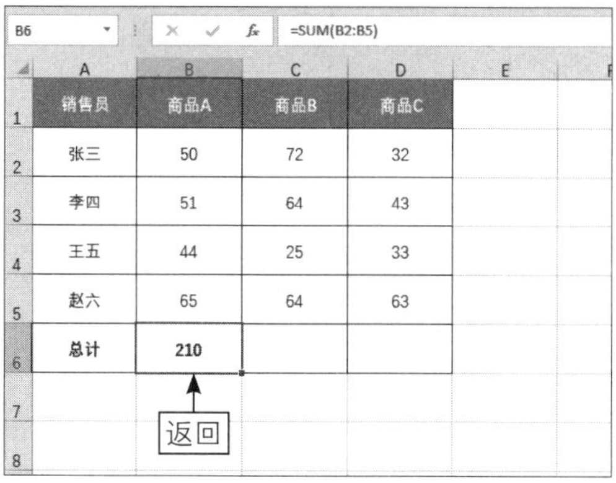

图 4-31 返回计算的值

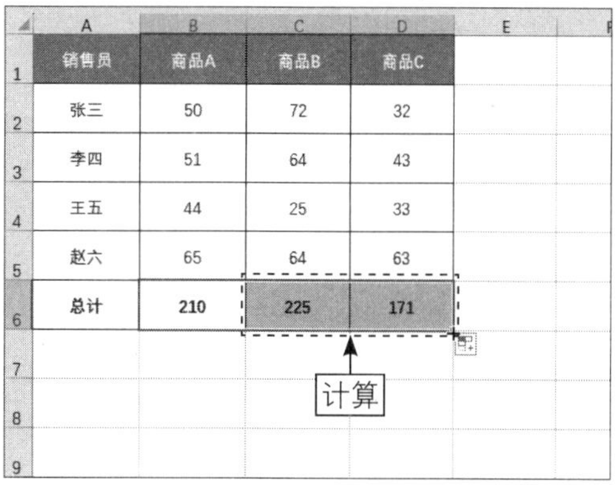

图 4-32 计算商品 B 和商品 C 的总销量

★ 专 家 提 醒 ★

在 Excel 中，SUM 函数求和还有两个更快的方法。

（1）选择需要返回值的单元格，按【Alt+=】组合键，即可快速求和。

（2）在"开始"功能区的"编辑"面板中，单击"自动求和"按钮，即可快速求和。

4.1.4 利用函数清单选择函数

扫码看教学视频

在Excel工作表中，用户还可以在函数清单列表中快速选择函数，以便于编写公式，同时还可以避免编写公式时输入错误。下面介绍利用函数清单选择函数的具体操作方法。

步骤01 打开一个工作表，如图4-33所示，需要在工作表中统计每个人的销量。

步骤02 在工作表中选择E2单元格，❶输入：=SU；❷即可弹出含有SU的函数清单，如图4-34所示。

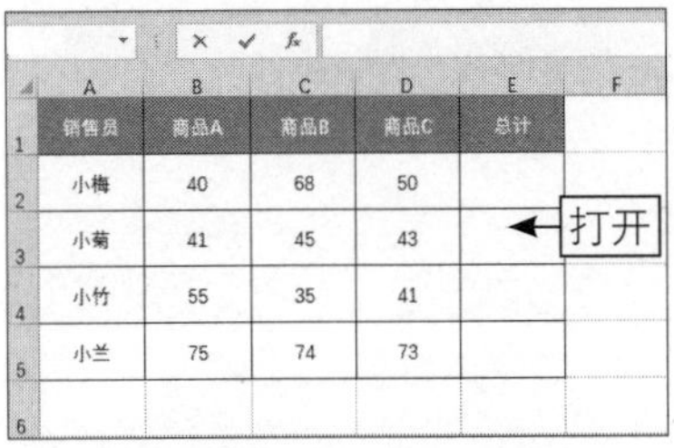

图4-33 打开一个工作表

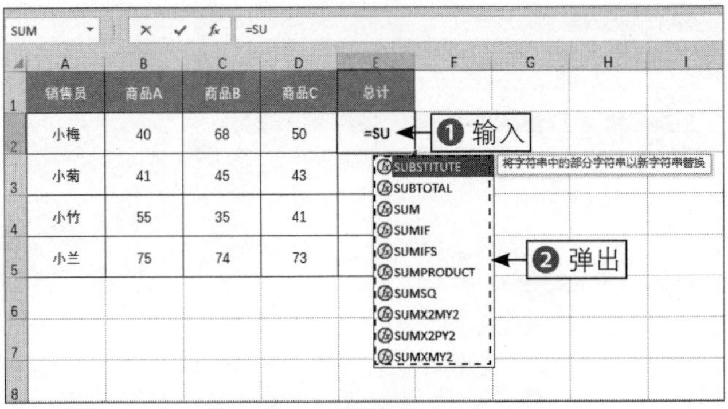

图4-34 弹出含有 SU 的函数清单

步骤03 在函数清单中选择需要的函数，这里选择SUM函数，如图4-35所示。

步骤04 执行操作后，双击即可快速将所选函数添加至编写的公式中，如图4-36所示。

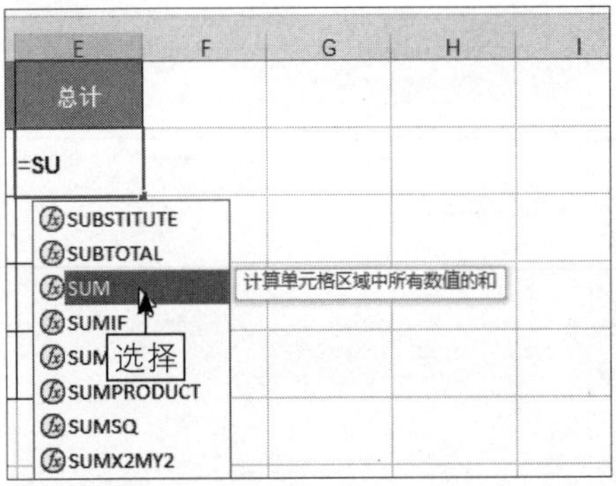

图4-35 选择 SUM 函数

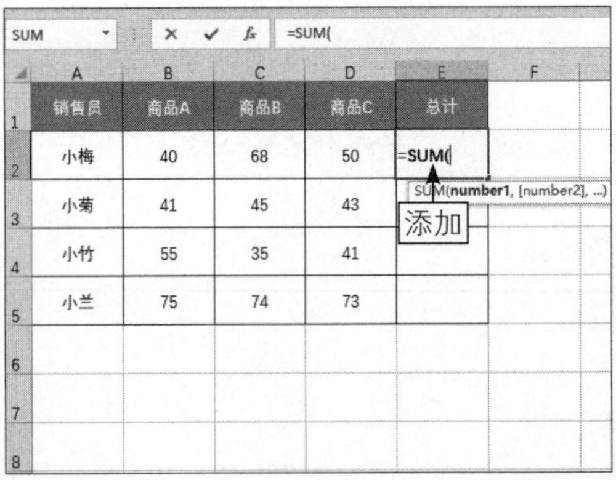

图4-36 将所选函数添加至编写的公式中

步骤05 ❶选择B2:D2单元格；❷并输入英文状态下的反括号，完成求和公式的编写，如图4-37所示。

步骤06 按【Enter】键确认，即可返回第1个销售员的销量，如图4-38所示。

步骤07 填充公式至E5单元格，计算其他销售员的销量，如图4-39所示。

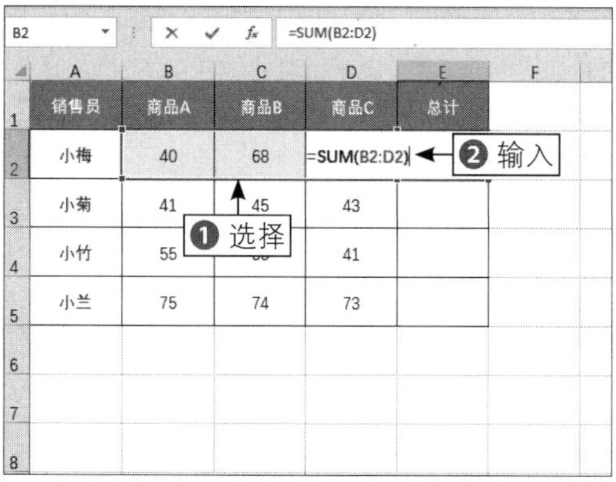

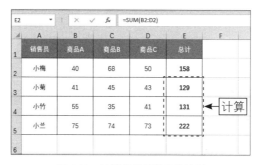

图 4-37　输入英文状态下的反括号 　　　　图 4-38　返回第 1 个销售员的销量

图 4-39　计算其他销售员的销量

4.1.5　自动校正公式

在Excel中，公式中的符号都是英文状态下输入的，如果是中文状态下输入，系统会进行自动校正操作。此外，在输入公式时难免会有多输、少输的情况，Excel会根据输入的公式帮助读者快速找出错误并进行校正。下面通过实例操作来了解一下Excel自动校正公式的效果。

扫码看教学视频

步骤 01　打开一个工作表，在第6行的合并单元格中输入：==SUM（B2:D5），如图4-40所示，这个公式中多输入了一个等号，并输入了一个中文状态下的括号。

图 4-40　输入公式

步骤02 按【Enter】键确认，Excel即可发现错误并弹出信息提示框，提出修改建议，如图4-41所示。

步骤03 单击"是"按钮，❶即可更正公式；❷并在合并单元格中返回计算的值，如图4-42所示。

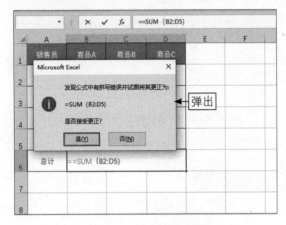

图 4-41　弹出信息提示框

图 4-42　返回计算的值

4.2 快速统计表格数据

4.1节介绍了创建公式的基本用法，本节将介绍如何快速统计表格数据，包括利用Excel进行自动求和并计算平均值、用ChatGPT计算平均值、用ChatGPT获取业绩排名及用ChatGPT进行累积求和等方法。

4.2.1 自动求和并计算平均值

在Excel中，想必很多人都注意到了，只要选择相应的单元格，状态栏中便会自动显示平均值、计数及求和数据，那么它是怎么设置的呢？下面通过实例操作来解析Excel自动求和并计算平均值的关键。

扫码看教学视频

步骤01 打开一个工作表，❶选择B1:B5单元格区域；❷此时在状态栏中显示了所选单元格的平均值、计数数量及求和结果，如图4-43所示。

步骤02 在状态栏中单击鼠标右键，弹出快捷菜单，其中显示了"平均值""计数""数值计数""最小值""最大值"及"求和"选项，如图4-44所示，其中"平均

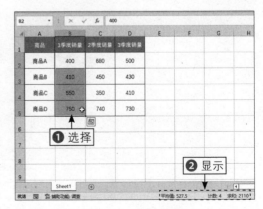

图 4-43　显示统计数据

值""计数"和"求和"选项前面均有一个 ✔ ，表示这3个选项和计算结果显示在状态栏中。

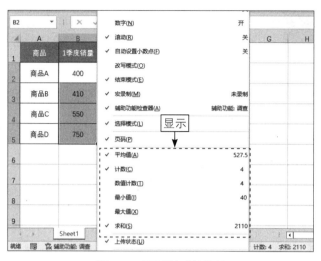

图 4-44 显示了多个计算项

步骤03 在快捷菜单中选择"计数"选项，如图4-45所示。

步骤04 即可取消显示"计数"项，此时状态栏中仅显示了"平均值"和"求和"项的计算结果，如图4-46所示。如果想要显示其他项，可以在快捷菜单中选择相应的选项即可。

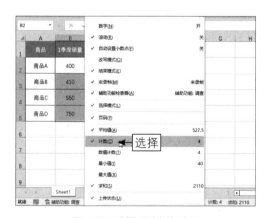

图 4-45 选择"计数"选项

图 4-46 仅显示"平均值"和"求和"项的计算结果

4.2.2 向 ChatGPT 询问求和快捷键

扫码看教学视频

当用户在进行求和统计时，如果忘记了求和快捷键是什么，可以在ChatGPT中向它询问求和快捷键，然后再在Excel中进行应用，下面介绍具体的操作方法。

步骤01 打开ChatGPT的聊天窗口，在输入框中输入关键词"在Excel中的求和快捷键是什么？"，如图4-47所示。

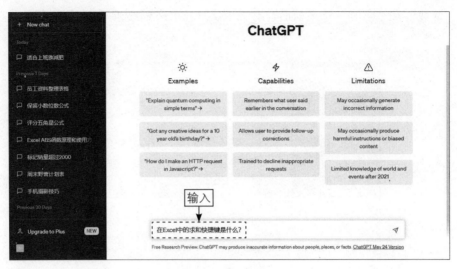

图 4-47　输入关键词

步骤 02 按【Enter】键发送，ChatGPT即可根据提问进行回复，并向用户反馈求和快捷键，以及其作用和使用方法，如图4-48所示。

图 4-48　ChatGPT 的回复

4.2.3　用 ChatGPT 计算平均值

在Excel中，当用户需要在单元格中计算出平均值时，可以通过ChatGPT获得计算公式，下面介绍具体的操作方法。

扫码看教学视频

步骤 01 打开一个工作表，如图4-49所示，需要在E列计算各个商品销量的平均值。

步骤 02 打开ChatGPT的聊天窗口，在输入框中输入关键词"在Excel工作表中，需要在E2单元格中计算B2:D2单元格的平均值，请帮我编写一个计算公式"，如图4-50所示。

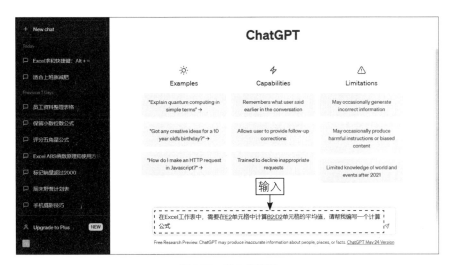

图 4-49　打开一个工作表

图 4-50　输入关键词

步骤 03 按【Enter】键发送，ChatGPT即可根据提问回复计算平均值的公式，如图4-51所示。

图 4-51　ChatGPT 回复计算平均值的公式

步骤 04 复制回复的公式，返回Excel工作表，❶选择E2:E5单元格；❷在编辑栏中粘贴复制的公式：=AVERAGE(B2:D2)，如图4-52所示。

步骤 05 按【Ctrl+Enter】组合键，即可批量统计平均值，如图4-53所示。

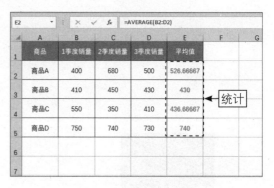

图 4-52　粘贴复制的公式　　　　　　　　图 4-53　批量统计平均值

4.2.4　用 ChatGPT 获取业绩排名

扫码看教学视频

在Excel中，当用户需要在不改变排列顺序的同时，快速统计员工的业绩排名时，可以通过ChatGPT获得计算排名的公式，下面介绍具体的操作方法。

步骤 01 打开一个工作表，如图4-54所示，需要在C列计算各个员工的业绩排名。

	姓名	业绩评分	业绩排名	
	京墨	88		
	小敏	90		
	李莉	76		←打开
	小圆	95		
	卢拉	75		
	白虹	85		

图 4-54　打开一个工作表

步骤 02 打开ChatGPT的聊天窗口，在输入框中输入关键词"在Excel工作表中，需要在C列中计算B列单元格中的值在B2:B7单元格中的排名，请帮我编写一个计算公式"，如图4-55所示。

步骤 03 按【Enter】键发送，ChatGPT即可根据提问回复计算排名的公式，如图4-56所示。

步骤 04 复制回复的公式，返回Excel工作表，❶选择C2:C7单元格；❷在编辑栏中粘贴复制的公式：=RANK(B2,$B$2:$B$7,0)，如图4-57所示。

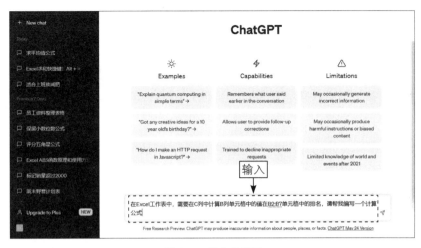

图 4-55　输入关键词

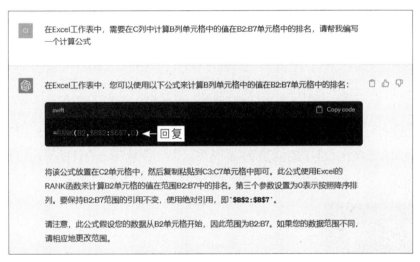

图 4-56　ChatGPT 回复计算排名的公式

步骤05 执行上述操作后，按【Ctrl+Enter】组合键，即可统计各员工的业绩排名，如图4-58所示。

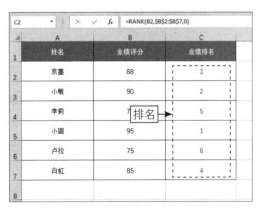

图 4-57　粘贴复制的公式　　　　　图 4-58　统计各员工的业绩排名

4.2.5 用 ChatGPT 进行累积求和

扫码看教学视频

在Excel中，当用户不知道该如何对工作表中的数据进行累积求和时，可以通过ChatGPT获得累积求和的计算公式，下面介绍具体的操作方法。

步骤01 打开一个工作表，如图4-59所示，需要在C列对B列中的值进行累积求和。

图 4-59 打开一个工作表

步骤02 打开ChatGPT的聊天窗口，在输入框中输入关键词"在Excel工作表中，需要在C列中对B2:D7单元格中的值进行累积求和，请帮我编写一个计算公式"，如图4-60所示。

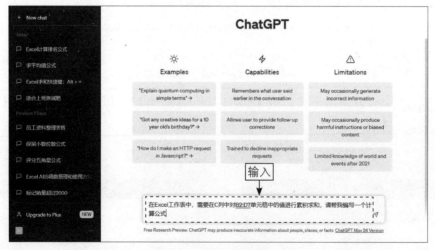

图 4-60 输入关键词

步骤03 按【Enter】键发送，ChatGPT即可根据提问回复累积求和的计算公式，如图4-61所示。

步骤04 复制回复的公式，返回Excel工作表，❶选择C2:C7单元格；❷在编辑栏中粘贴复制的公式：=SUM($B$2:B2)，如图4-62所示。

图 4-61　ChatGPT 回复累积求和的计算公式

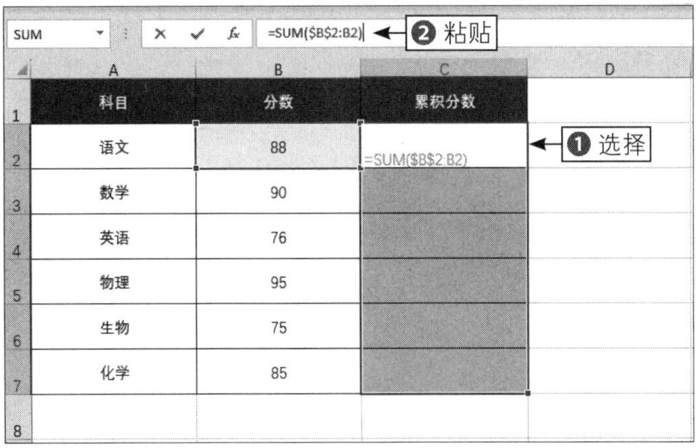

图 4-62　粘贴复制的公式

步骤05 按【Ctrl+Enter】组合键，即可进行累积求和，效果如图4-63所示。

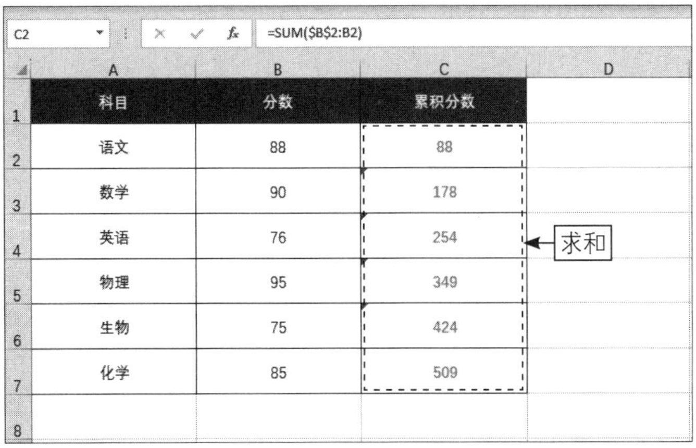

图 4-63　累积求和效果

本章小结

本章首先介绍了在Excel中创建公式的基本操作，包括快速建立公式、引用的概念和使用、利用函数清单选择函数及自动校正公式等内容；然后介绍了快速统计表格数据的操作方法，包括自动求和并计算平均值、用ChatGPT计算平均值、用ChatGPT获取业绩排名及用ChatGPT进行累积求和等操作方法。通过对本章的学习，希望读者能够更好地掌握使用ChatGPT进行数据统计的操作方法。

课后习题

鉴于本章知识的重要性，为了帮助读者更好地掌握所学知识，本节将通过课后习题，帮助读者进行简单的知识回顾和补充。

扫码看教学视频

1. 请简述一下相对引用、绝对引用及混合引用的概念和切换方法。

2. 使用ChatGPT获取计算公式，在Excel工作表中统计大于5000的总工资，如图4-64所示。

	A	B	C	D	E	F
1	管理部员工工资明细表					
2	编号	姓名	工资		条件	总工资
3	C1001	丹桂	4800		大于5000	17800
4	C1002	茉莉	4500			
5	C1003	月季	4500			
6	C1004	玫瑰	6000			
7	C1005	蔷薇	6000			
8	C1006	牡丹	4300			
9	C1007	山茶	3750			
10	C1008	百合	5800			

统计

图4-64　统计大于5000的总工资

第5章

智能运算：用ChatGPT
编写函数公式

Excel中的函数有400多种，它们涵盖了各种数学、
统计、逻辑、文本、日期、时间、查找及筛选等
功能，能够满足广泛的数据处理和分析需求。
但是这么多的函数，用户在编写函数公式时却
不一定能记住函数所对应的语法，此时可以利
用ChatGPT编写函数公式，在Excel中智能运
算，这样既便捷又不易出错。

5.1 用ChatGPT编写常用的函数公式

在Excel中，函数是一个数据处理利器，通过函数公式可以进行汇总、分析及预测，实现高效计算，提升工作和生活效率。本节将介绍几个常用的函数，并通过ChatGPT编写函数计算公式，以便用户可以在Excel工作表中直接进行运算。

5.1.1 MAX 函数：找出最大值

MAX函数是Excel中常用的函数之一，它的作用是从一组数值中找出最大值并返回。通过在MAX函数的参数中输入数值范围或具体数值，函数会自动计算并返回其中的最大值。MAX函数可以用于比较数据大小、筛选最大值等各种数据分析和处理任务中。

下面通过实例介绍用"条件格式"功能结合MAX函数找出最大值的方法。

步骤01 打开一个工作表，如图5-1所示，需要在B列找出各科成绩中的最高分。

步骤02 在表格中选择B2:B8单元格区域，在"开始"功能区的"样式"面板中，❶单击"条件格式"下拉按钮；❷在打开的下拉列表框中选择"新建规则"选项，如图5-2所示。

图 5-1 打开一个工作表

步骤03 弹出"新建格式规则"对话框，在"选择规则类型"列表框中，选择"使用公式确定要设置格式的单元格"选项，如图5-3所示。

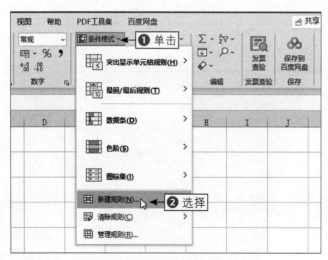

图 5-2 选择"新建规则"选项

图 5-3 选择相应选项

步骤 04 打开ChatGPT的聊天窗口，在输入框中输入关键词"在Excel工作表中，需要通过'条件格式'功能在B2:B8单元格中找出最大值，请用MAX编写一个函数公式"，如图5-4所示。

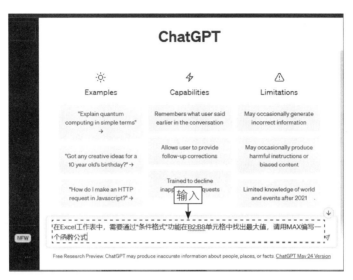

图 5-4　输入关键词

步骤 05 按【Enter】键发送，ChatGPT即可根据提问回复使用"条件格式"功能的操作方法和MAX函数公式，如图5-5所示。

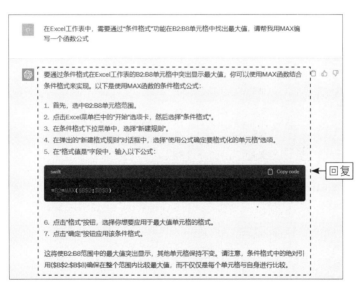

图 5-5　ChatGPT 的回复

步骤 06 复制MAX函数公式，返回Excel工作表，在"为符合此公式的值设置格式"文本框中粘贴复制的公式：=B2=MAX($B$2:$B$8)，如图5-6所示。

步骤 07 单击"格式"按钮，弹出"设置单元格格式"对话框，在"字体"选项卡中，设置"颜色"为红色，如图5-7所示。

图 5-6　粘贴复制的公式

图 5-7　设置"颜色"为红色

步骤 08 单击"确定"按钮返回，即可在表格中用红色字体标出最大值，如图5-8所示。

	A	B	C	D	E
1	科目	实考成绩			
2	语文	92			
3	数学	98 ← 标出			
4	英语	75			
5	物理	70			
6	化学	89			
7	政治	70			
8	历史	63			

图 5-8　在表格中用红色字体标出最大值

5.1.2　MIN 函数：找出最小值

MIN函数用于在Excel中找出一组数值中的最小值，并返回结果。下面通过实例介绍用MIN函数找出最小值的方法。

扫码看教学视频

步骤 01 打开一个工作表，如图5-9所示，需要在B8单元格中返回销量最小值。

步骤 02 打开ChatGPT的聊天窗口，在输入框中输入关键词"在Excel工作表中，需要在B2:B7单元格中找出最小值，请用MIN函数编写一个运算公式"，如图5-10所示。

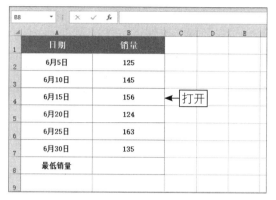

图5-9 打开一个工作表

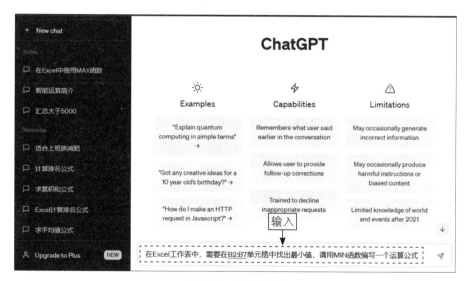

图5-10 输入关键词

步骤**03** 按【Enter】键发送，ChatGPT即可根据提问回复MIN函数运算公式，如图5-11所示。

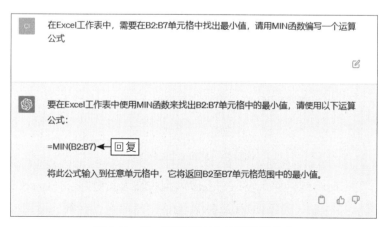

图5-11 ChatGPT回复MIN函数运算公式

步骤 **04** 复制MIN函数公式，返回Excel工作表，选择B8单元格，❶在编辑栏中粘贴复制的公式：=MIN(B2:B7)；❷按【Enter】键确认即可返回销售数据中的最小值，如图5-12所示。

图 5-12　返回销售数据中的最小值

5.1.3　FREQUENCY 函数：计算符合区间的数量

FREQUENCY函数是Excel中的一个统计函数，用于计算数据集中各数值的频率分布。该函数可以帮助用户了解数据集中数值出现的次数，并将这些次数分组到指定的区间范围内。下面通过实例介绍用FREQUENCY函数计算符合区间数量的方法。

扫码看教学视频

步骤 **01** 打开一个工作表，如图5-13所示，需要统计各个奖金区间的人数，注意这里在单元格中输入区间条件时输入的是各区间的上限值，例如0～800，输入的上限值则是800。

图 5-13　打开一个工作表

步骤 **02** 打开ChatGPT的聊天窗口，在输入框中输入关键词"在Excel工作表中，需要根据E2:E5单元格中的区间条件对C2:C9单元格中的值进行计数，请用FREQUENCY函数编写一个运算公式"，如图5-14所示。

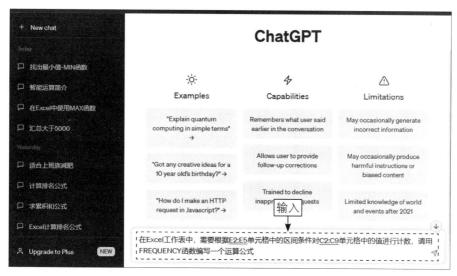

图 5-14 输入关键词

步骤 03 按【Enter】键发送，ChatGPT即可根据提问回复FREQUENCY函数运算公式，如图5-15所示。

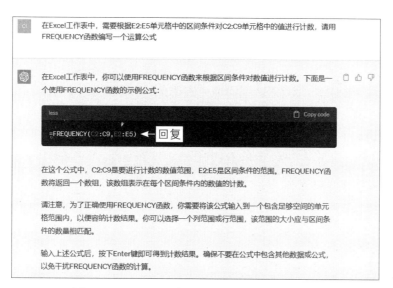

图 5-15 ChatGPT 回复 FREQUENCY 函数运算公式

步骤 04 复制函数公式，返回Excel工作表，选择F2:F5单元格，❶在编辑栏中粘贴复制的公式：=FREQUENCY(C2:C9,E2:E5)；❷按【Ctrl+Shift+Enter】组合键确认即可统计符合区间条件的数量，如图5-16所示。

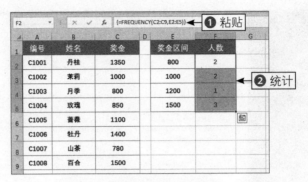

图 5-16　统计符合区间条件的数量

★ 专家提醒 ★

在 Excel 中，当输入的公式为数组公式时，需要用【Ctrl+Shift+Enter】组合键将公式确认为数组公式。

在 Excel 中，数组公式是一种特殊的公式，用于在多个单元格范围内进行计算，并返回多个结果。这些公式通常涉及数组操作，如对范围内的每个单元格进行计算、汇总或筛选等。

在确认为数组公式后，Excel 会自动在公式周围添加大括号 {} 以表示结果是一个数组，无须手动输入大括号。

5.1.4　RANDBETWEEN 函数：自动产生随机数据

扫码看教学视频

在Excel中，RANDBETWEEN函数主要用于生成一个指定范围内的随机整数，经常用于制作中奖号码等。下面通过实例介绍具体的操作方法。

步骤01 打开一个工作表，如图5-17所示，需要根据B列单元格中的人数在C列单元格中生成随机中奖号码。

步骤02 打开ChatGPT的聊天窗口，在输入框中输入关键词"在Excel工作表中，需要根据B列单元格中的人数在C2:C9单元格中生成随机中奖号码，请用RANDBETWEEN函数编写一个运算公式"，如图5-18所示。

图 5-17　打开一个工作表

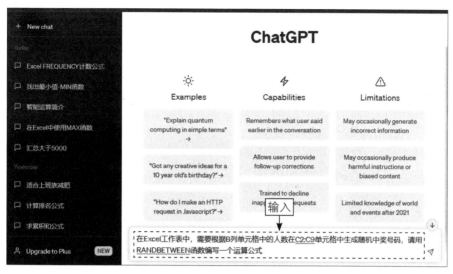

图 5-18　输入关键词

步骤03 按【Enter】键发送，ChatGPT即可根据提问回复RANDBETWEEN函数运算公式，如图5-19所示。

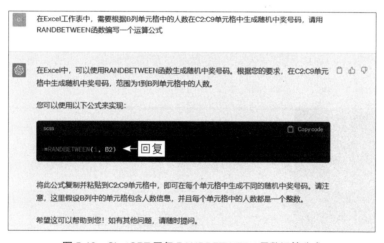

图 5-19　ChatGPT 回复 RANDBETWEEN 函数运算公式

步骤04 复制函数公式，返回Excel工作表，选择C2:C9单元格，❶在编辑栏中粘贴复制的公式：=RANDBETWEEN(1,B2)；❷按【Ctrl+Enter】组合键确认，即可随机生成中奖号码，如图5-20所示。

分店	参与人数	中奖号码
分店1	12	10
分店2	25	21
分店3	15	7
分店4	13	8
分店5	20	20
分店6	23	16
分店7	18	12
分店8	8	1

图 5-20　随机生成中奖号码

5.1.5 TODAY 和 NOW 函数：自动更新日期和时间

扫码看教学视频

在Excel中，TODAY和NOW函数都是比较常用的日期和时间函数，TODAY函数返回当前日期，NOW函数返回当前日期和时间。下面通过实例介绍如何在ChatGPT中获取TODAY和NOW函数公式的使用方法。

步骤 01 打开一个工作表，如图5-21所示，需要在工作表中输入制表日期和制表时间。

	A	B	C	D
1	制表日期：			
2	制表时间：			
3	部门	姓名	性别	
4	管理部	小花	女	
5	管理部	小草	男	←打开
6	人事部	小苗	男	
7	人事部	小树	男	
8	业务部	小鸟	女	
9	业务部	小芽	女	

图 5-21 打开一个工作表

步骤 02 打开ChatGPT的聊天窗口，在输入框中输入关键词"在Excel工作表中，如何使用TODAY和NOW函数编写公式，使其可以自动更新制表日期和制表时间？"，如图5-22所示。

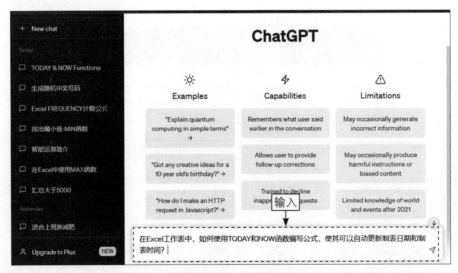

图 5-22 输入关键词

步骤 03 按【Enter】键发送，ChatGPT即可根据提问回复TODAY和NOW函数的公式和使用方法，如图5-23所示。

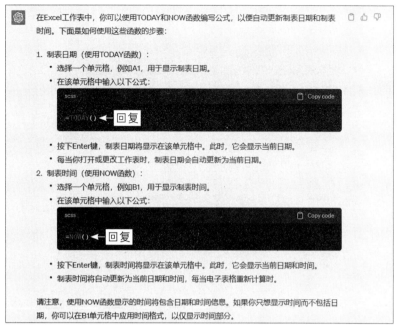

图 5-23 ChatGPT 回复 TODAY 和 NOW 函数的公式和使用方法

步骤 04 复制函数公式，返回Excel工作表，将两个公式分别粘贴在B1和B2单元格中，执行操作后，即可自动更新制表日期和时间，效果如图5-24所示。

图 5-24 自动更新制表日期和时间

5.1.6 DATEDIF 函数：计算日期之间的年月日

扫码看教学视频

DATEDIF函数是Excel中的一个日期函数，用于计算两个日期之间的差距。该函数可以用于计算年龄、工龄及项目持续时间等。下面通过实例介绍使用DATEDIF函数公式计算两个日期之间相隔的年月日的操作方法。

步骤 01 打开一个工作表，如图5-25所示，C列为入职日期，D列为离职日期，需要在工作表中计算离职员工的工龄。

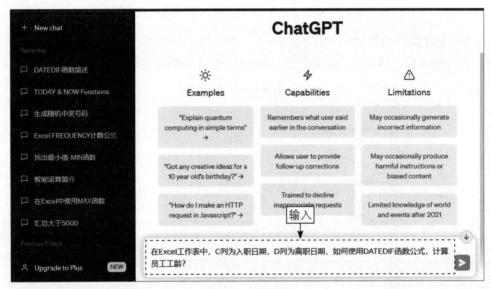

图 5-25　打开一个工作表

步骤 02 打开ChatGPT的聊天窗口，在输入框中输入关键词"在Excel工作表中，C列为入职日期，D列为离职日期，如何使用DATEDIF函数公式，计算员工工龄？"，如图5-26所示。

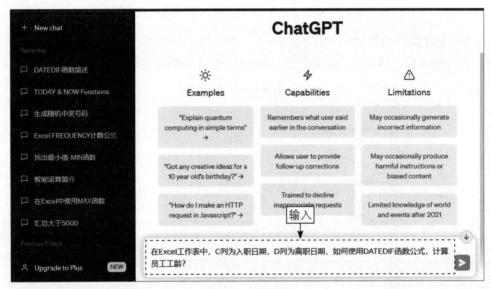

图 5-26　输入关键词

步骤 03 按【Enter】键发送，ChatGPT即可根据提问编写DATEDIF函数公式，如图5-27所示。

步骤 04 复制函数公式，返回Excel工作表，将公式粘贴在E2单元格中：=DATEDIF(C2,D2,"y")&"年"&DATEDIF(C2,D2,"ym")&"个月"&DATEDIF(C2,D2,"md")&"天"，并填充公式至E9单元格，计算员工工龄是多少年、多少月、多少天，效果如图5-28所示。

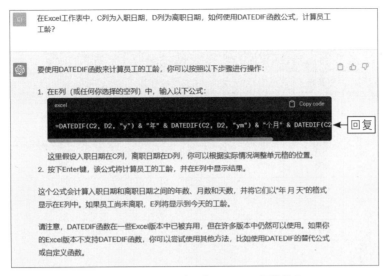

图 5-27　ChatGPT 编写的 DATEDIF 函数公式

图 5-28　计算员工工龄

5.2 用ChatGPT编写逻辑函数公式

逻辑函数是根据逻辑规则，将一个或多个逻辑变量映射到逻辑值的数学函数。在 Excel 中，IF 函数、AND 函数及 OR 函数都是常用的逻辑函数，当不确定其公式语法时，可以在 ChatGPT 中提出问题或要求，用 ChatGPT 来编写对应的逻辑函数公式。

5.2.1　IF 函数：按条件计算满勤奖金

在Excel中，IF函数被归类为逻辑函数。IF函数用于根据一个给定的条件返回不同的值。IF函数在Excel中被广泛用于条件判断和逻辑运算。下面通过实例介绍使用IF函数根据条件计算满勤奖金的操作方法。

扫码看教学视频

步骤01 打开一个工作表，如图5-29所示，B列为员工出勤天数，当出

113

勤天数等于或大于标准天数时即为满勤，满勤的员工即可获得500元的奖金。

	A	B	C	D
1	姓名	出勤标准：23天	满勤奖金：500元	
2	于紫苏	23		
3	琥珀	25		
4	叶蝉衣	21		
5	常山	22		←打开
6	半夏	23		
7	白苏	23		
8	艾叶	22		
9	朱砂	23		
10				

图 5-29　打开一个工作表

步骤 02 打开ChatGPT的聊天窗口，在输入框中输入关键词"在Excel工作表中，B列为员工的出勤天数，当出勤天数等于或大于23天时即为满勤，满勤的员工即可获得500元的奖金，如何用IF函数公式来进行计算？"，如图5-30所示。

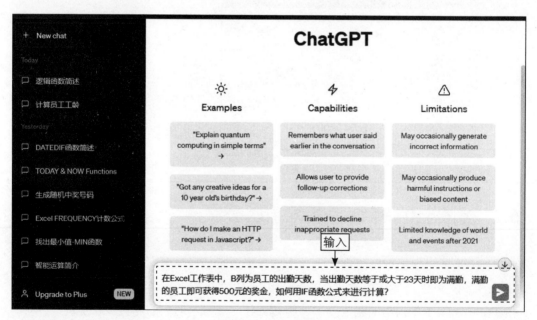

图 5-30　输入关键词

步骤 03 按【Enter】键发送，ChatGPT即可根据提问编写IF函数公式，如图5-31所示。

步骤 04 复制函数公式，返回Excel工作表，将公式粘贴在C2单元格中：=IF(B2>=23,500,0)，并将公式填充至C9单元格，计算员工满勤奖金，效果如图5-32所示。

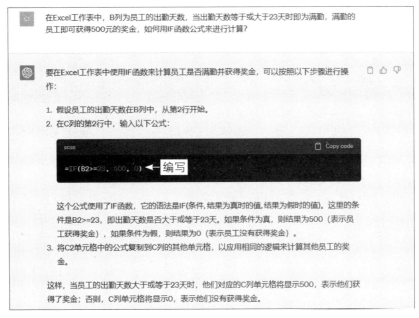

图 5-31　ChatGPT 编写的 IF 函数公式

姓名	出勤标准：23天	满勤奖金：500元	
于紫苏	23	500	
琥珀	25	500	
叶蝉衣	21	0	
常山	22	0	
半夏	23	500	
白苏	23	500	
艾叶	22	0	
朱砂	23	500	

图 5-32　计算员工满勤奖金

5.2.2　AND 函数：判断多个条件是否同时满足

扫码看教学视频

AND函数是Excel中的逻辑函数之一，用于判断多个条件是否同时成立。它常用于复杂的条件判断，如在筛选数据或编写复杂的逻辑公式时，判断多个条件是否同时满足。下面通过实例介绍使用AND函数判断多个条件是否同时满足的操作方法。

步骤01 打开一个工作表，如图5-33所示，当机床精度检修分大于或等于95、功能检修分大于或等于85、安全检修分大于或等于99时，即可判定机床为合格，反之则不合格。

115

	A	B	C	D	E	F
1	机床	精度	功能	安全	合格判定	
2	1号机	95.34	90.00	99.88		
3	2号机	95.00	85.00	99.50		
4	3号机	94.88	85.00	97.55		
5	4号机	95.23	85.00	98.90		
6	5号机	92.33	85.00	99.50		←打开
7	6号机	95.45	90.00	99.50		
8	7号机	95.68	90.00	99.88		
9	8号机	96.00	85.00	99.88		

图 5-33　打开一个工作表

步骤 02 打开ChatGPT的聊天窗口，在输入框中输入关键词"在Excel工作表中，当B2≥95、C2≥85、D2≥99时，即可在E2单元格中判定为合格，反之则判定为不合格，如何用AND函数公式来进行判定？"，如图5-34所示。

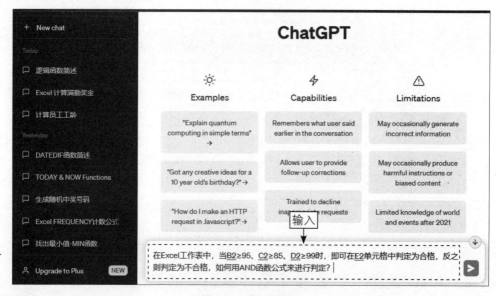

图 5-34　输入关键词

步骤 03 按【Enter】键发送，ChatGPT即可根据提问编写AND函数公式，如图5-35所示。

步骤 04 复制函数公式，返回Excel工作表，将公式粘贴在E2单元格中：=IF(AND(B2>=95,C2>=85,D2>=99),"合格","不合格")，并将公式填充至E9单元格，判定机床3项检修是否合格，效果如图5-36所示。

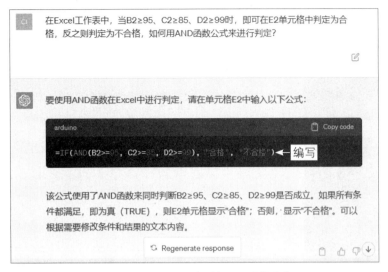

图 5-35 ChatGPT 编写的 AND 函数公式

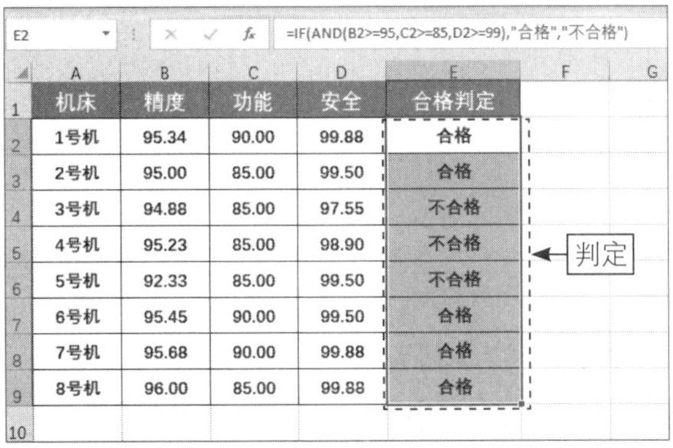

图 5-36 判定机床 3 项检修是否合格

5.2.3 OR 函数：判断多个条件中是否至少有一个成立

OR函数也是Excel中的逻辑函数之一，用于判断多个条件中是否至少有一个条件成立。下面通过实例介绍使用OR函数判断多个条件中是否至少有一个条件满足的操作方法。

扫码看教学视频

步骤01 打开一个工作表，如图5-37所示，当机床的安全检修分小于99或合格判定为不合格时，则需要将机床返厂。

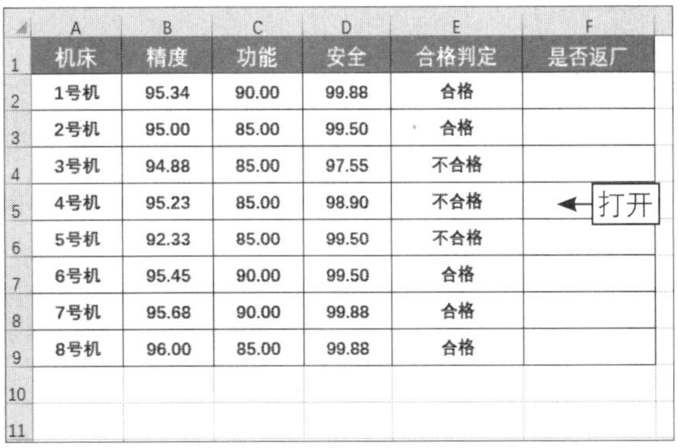

步骤02 打开ChatGPT的聊天窗口，在输入框中输入关键词"在Excel工作表中，当D2<99或E2为不合格时，即在F2单元格中返回结果为返

图 5-37 打开一个工作表

厂，反之则返回为空，如何用OR函数公式来进行判断？"，如图5-38所示。

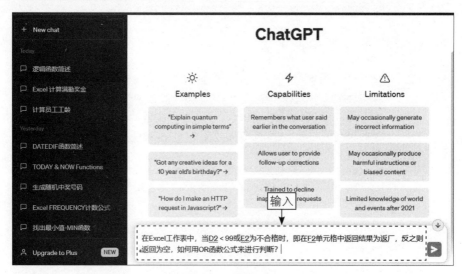

图 5-38　输入关键词

步骤03 按【Enter】键发送，ChatGPT即可根据提问编写函数公式，如图5-39所示。

图 5-39　ChatGPT 编写的函数公式

步骤04 复制函数公式，返回Excel工作表，将公式粘贴在F2单元格中：
=IF(OR(D2<99,E2="不合格"),"返厂",""),并将公式填充至F9单元格，判断机床是否需要返厂，效果如图5-40所示。

F2		▼	×	✓	*fx*	=IF(OR(D2<99, E2="不合格"), "返厂", "")	

	A	B	C	D	E	F
1	机床	精度	功能	安全	合格判定	是否返厂
2	1号机	95.34	90.00	99.88	合格	
3	2号机	95.00	85.00	99.50	合格	
4	3号机	94.88	85.00	97.55	不合格	返厂
5	4号机	95.23	85.00	98.90	不合格	返厂
6	5号机	92.33	85.00	99.50	不合格	返厂
7	6号机	95.45	90.00	99.50	合格	
8	7号机	95.68	90.00	99.88	合格	
9	8号机	96.00	85.00	99.88	合格	
10						

←判断

图 5-40　判断机床是否需要返厂

5.3　用ChatGPT编写查找函数公式

查找函数是一种用于在数据集中搜索指定元素的方法，它可以快速定位目标，并返回其位置或其他相关信息。在Excel中，LOOKUP、VLOOKUP、HLOOKUP、INDEX及MATCH等函数都是经常用到的查找函数，当不确定其公式语法时，可以在ChatGPT中提出问题或要求，用ChatGPT来编写对应的查找函数公式。

5.3.1　LOOKUP 函数：在指定范围内查找指定的值

扫码看教学视频

LOOKUP函数是Excel中比较常用的一种查找函数，该函数可以在指定范围内查找指定的值，并返回与之最接近的数值或对应的结果。LOOKUP函数在Excel查找函数中有"万金油"之称，不论是逆向查找数据还是正向查找数据，LOOKUP函数都非常实用、适用。

下面通过实例介绍使用LOOKUP函数在指定范围内找出指定数据的操作方法。

步骤01 打开一个工作表，如图5-41所示，需要在A列和B列表格范围中，根据负责人找出对应的机器。

	A	B	C	D	E	F
1	机器	负责人		负责人	负责机器	
2	1号机	川柏		郁金		
3	2号机	菖蒲		空青		
4	3号机	寒水		何草乌		
5	4号机	侧柏		寒水		
6	5号机	何草乌				
7	6号机	南星				
8	7号机	空青				
9	8号机	佩兰				
10	9号机	苡仁				
11	10号机	郁金				
12						

←打开

图 5-41　打开一个工作表

步骤 02 打开ChatGPT的聊天窗口，在输入框中输入关键词"在Excel工作表的E列单元格中，如何使用LOOKUP函数公式，在B2:B11单元格范围内查找D列单元格中的值，并返回相应的结果在A2:A11单元格范围内？"，如图5-42所示。

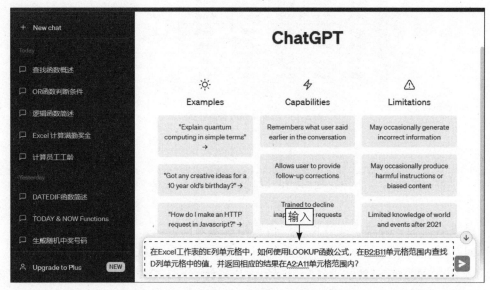

图 5-42　输入关键词

步骤 03 按【Enter】键发送，ChatGPT即可根据提问编写函数公式，如图5-43所示。

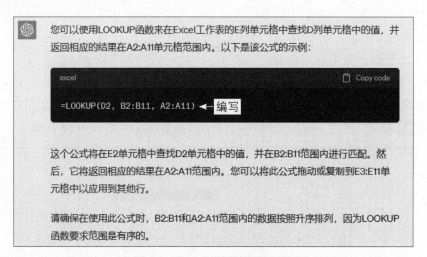

图 5-43　ChatGPT 编写的函数公式

步骤 04 复制函数公式，返回Excel工作表，❶选择E2:E5单元格区域；❷将公式粘贴在编辑栏中：=LOOKUP(D2,B2:B11,A2:A11)；❸并选择第2个条件参数和第3个条件参数，如图5-44所示。

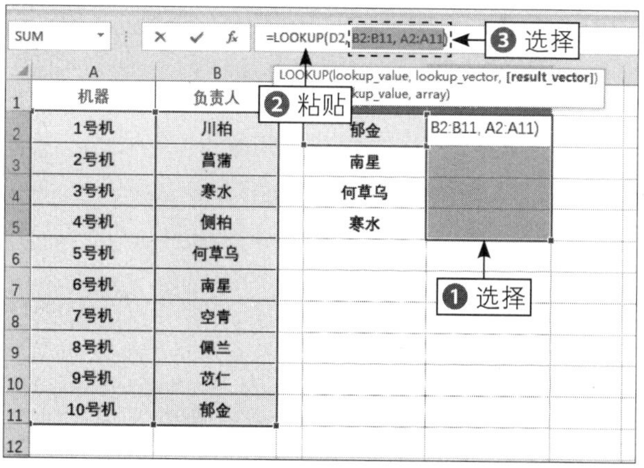

图 5-44　选择两个条件参数

步骤 05 执行操作后，按【F4】键绝对引用，如图5-45所示。

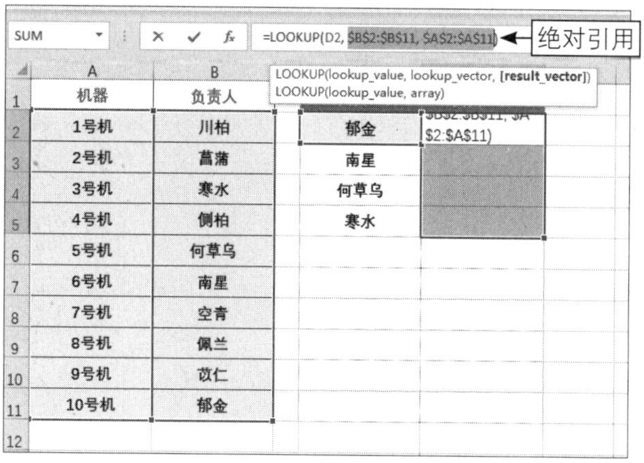

图 5-45　绝对引用

步骤 06 按【Ctrl+Enter】组合键，即可根据负责人查找到对应的机器，效果如图5-46所示。

图 5-46　根据负责人查找到对应的机器

5.3.2 VLOOKUP 函数：根据指定的值查找数据

VLOOKUP函数同样是Excel中比较常用的一种查找函数，用于在表格中根据指定的值查找相关的数据，并返回匹配的结果。下面通过实例介绍使用VLOOKUP函数根据指定的值查找数据的操作方法。

步骤 01 打开一个工作表，如图5-47所示，需要根据D列中指定的商品在A列和B列中查找对应的销量。

	A	B	C	D	E	F
1	商品	销量		商品	销量	
2	商品A	100		商品B		
3	商品B	80		商品D		
4	商品C	85		商品E		
5	商品D	95		商品G		
6	商品E	105				
7	商品F	75				
8	商品G	110				
9	商品H	115				
10	商品I	90				
11	商品J	70				

图 5-47　打开一个工作表

步骤 02 打开ChatGPT的聊天窗口，在输入框中输入关键词"在Excel工作表中，A列为商品，B列为销量，如何在E列单元格中使用VLOOKUP函数公式根据D列中指定的商品在A列和B列中查找对应的销量？"，如图5-48所示。

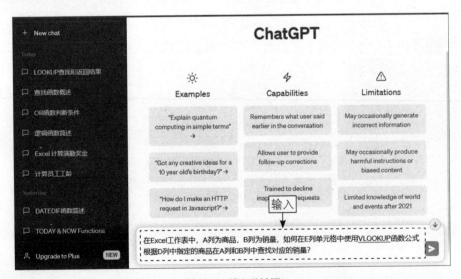

图 5-48　输入关键词

步骤 03 按【Enter】键发送，ChatGPT即可根据提问编写函数公式，如图5-49所示。

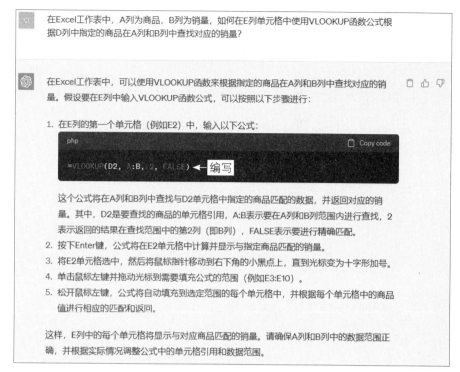

图 5-49　ChatGPT 编写的函数公式

步骤 04 复制函数公式，返回Excel工作表，❶选择E2:E5单元格区域；❷将公式粘贴在编辑栏中：=VLOOKUP(D2,A:B,2,FALSE)，如图5-50所示。

	A	B		D	E	F	G
1	商品	销量		商品	销量		
2	商品A	100		商品B	=VLOOKUP(D2,A:B,2,FALSE)		
3	商品B	80		商品D			
4	商品C	85		商品E			
5	商品D	95		商品G			
6	商品E	105					
7	商品F	75					
8	商品G	110					
9	商品H	115					
10	商品I	90					
11	商品J	70					
12							

图 5-50　在编辑栏中粘贴公式

步骤 05 按【Ctrl+Enter】组合键，即可根据指定的商品查找到对应的销量，效果如图5-51所示。

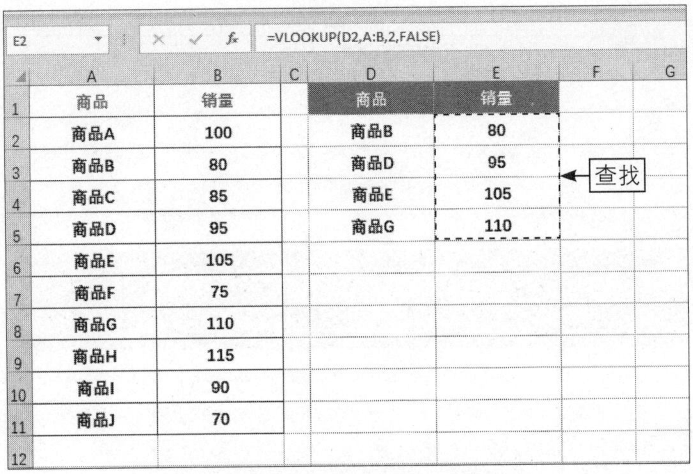

图 5-51　根据指定的商品查找到对应的销量

★ 专家提醒 ★

用户也可以根据 ChatGPT 回复的操作方法进行公式填充，此外，还可以参考本书第2章的内容，其中讲述了多种填充方式，大家可以根据自己的习惯选一种填充方式进行操作。

5.3.3　HLOOKUP 函数：自动找出行数据

扫码看教学视频

HLOOKUP函数是Excel中的横向查找函数，用于在指定的行范围内查找指定的值，并返回对应结果所在的列中的值。下面通过实例介绍使用HLOOKUP函数根据指定的值查找数据的操作方法。

步骤 01 打开一个工作表，如图5-52所示，某公司的员工薪资是根据业绩的多少来定的，工作表中第2行数据为业绩区间，第3行为业绩区间对应的薪资，需要在下面的表格中根据输入的业绩在薪资对照表中找出对应的薪资。

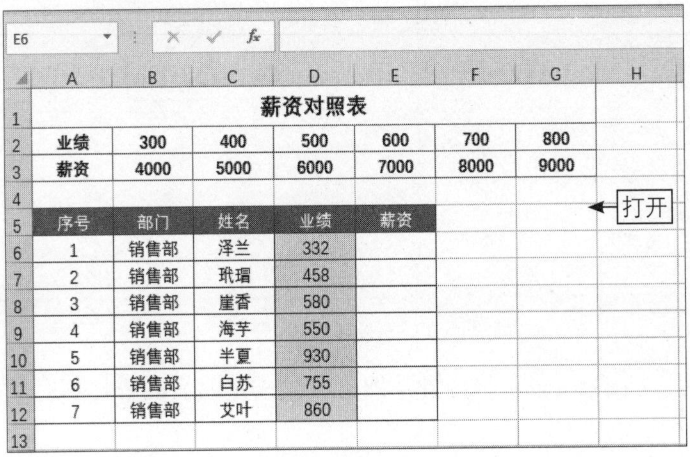

图 5-52　打开一个工作表

步骤02 打开ChatGPT的聊天窗口，在输入框中输入关键词"在Excel工作表中，第2行为业绩区间，第3行为业绩对应的薪资，如何在E6:E12单元格中使用HLOOKUP函数公式根据D6:D12单元格中的业绩在第1行和第2行中查找对应的薪资？"，如图5-53所示。

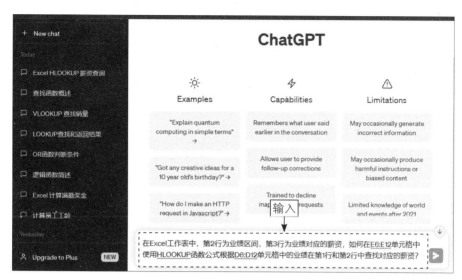

图 5-53　输入关键词

步骤03 按【Enter】键发送，ChatGPT即可根据提问编写函数公式，如图5-54所示。

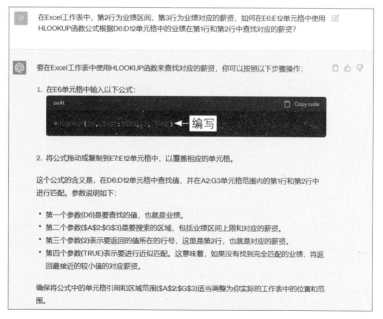

图 5-54　ChatGPT 编写的函数公式

步骤04 复制函数公式，返回Excel工作表，❶选择E2单元格；❷将公式粘贴在编辑栏中：=HLOOKUP(D6,$A$2:$G$3,2,TRUE)，如图5-55所示，按【Enter】键确认。

SUM ▾ : × ✓ fx =HLOOKUP(D6, $A$2:$G$3, 2, TRUE)

❷ 粘贴

	A	B	C	D	E	F	G	H
1			薪资对照表					
2	业绩	300	400	500	600	700	800	
3	薪资	4000	5000	6000	7000	8000	9000	
4								
5	序号	部门	姓名	业绩	薪资			
6	1	销售部	泽兰	332	2, TRUE)			
7	2	销售部	玳瑁	458				
8	3	销售部	崔香	580	❶ 选择			
9	4	销售部	海芋	550				
10	5	销售部	半夏	930				
11	6	销售部	白苏	755				
12	7	销售部	艾叶	860				
13								

图 5-55 在编辑栏中粘贴公式

步骤 05 填充公式至E12单元格中，即可根据业绩查找到对应的薪资，效果如图5-56所示。

E6 ▾ : × ✓ fx =HLOOKUP(D6, $A$2:$G$3, 2, TRUE)

	A	B	C	D	E	F	G	H
1			薪资对照表					
2	业绩	300	400	500	600	700	800	
3	薪资	4000	5000	6000	7000	8000	9000	
4								
5	序号	部门	姓名	业绩	薪资			
6	1	销售部	泽兰	332	4000			
7	2	销售部	玳瑁	458	5000			
8	3	销售部	崔香	580	6000			
9	4	销售部	海芋	550	6000	◄ 查找		
10	5	销售部	半夏	930	9000			
11	6	销售部	白苏	755	8000			
12	7	销售部	艾叶	860	9000			
13								

图 5-56 根据业绩查找到对应的薪资

5.3.4 INDEX 和 MATCH 函数：定位查找员工信息

扫码看教学视频

在Excel中，INDEX函数用于从指定范围中返回单元格的值或范围的一部分，而MATCH函数则用于在指定范围内查找指定值的位置，并返回该位置的索引或相对位置。将这两个函数组合使用可以实现数据位置定位、查找数据及检验输入的数值等用途。下面通过实例介绍使用INDEX函数和MATCH函数定位查找员工信息的操作方法。

步骤01 打开一个工作表，如图5-57所示，其中显示了两个表格，需要在左边的表格中找到右边所缺失的信息数据。

	A	B	C	D	E	F	G	H	I	J
1	姓名	部门	基本工资		部门	姓名	性别	年龄	基本工资	
2	海棠	计划部	4848		计划部	石竹	男	21		
3	金盏菊	生产部	4269		计划部	海棠	女	23		
4	秋桑叶	市场部	4137		人事部	白芷	女	29	← 打开	
5	石竹	计划部	3702		人事部	丁香	女	35		
6	木芙蓉	生产部	3954		生产部	木芙蓉	女	35		
7	丁香	人事部	3925		生产部	金盏菊	女	27		
8	墨早莲	市场部	3547		市场部	墨早莲	男	25		
9	沉香	市场部	3055		市场部	秋桑叶	女	26		
10	白芷	人事部	4903		市场部	沉香	男	23		
11										

图 5-57　打开一个工作表

步骤02 打开ChatGPT的聊天窗口，在输入框中输入关键词"在Excel工作表中，A:C列为查找范围，需要根据F列单元格中提供的姓名在查找范围中找到所在行，根据I列表头在查找范围中找到所在列，最后将查找到的结果返回至I列单元格中，该如何用INDEX函数和MATCH函数编写一个完整的查找公式？"，如图5-58所示。

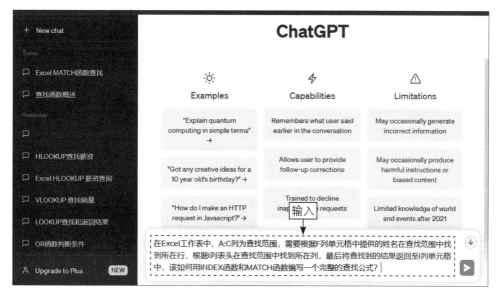

图 5-58　输入关键词

步骤03 按【Enter】键发送，ChatGPT即可根据提问编写INDEX函数和MATCH函数的组合公式，如图5-59所示。

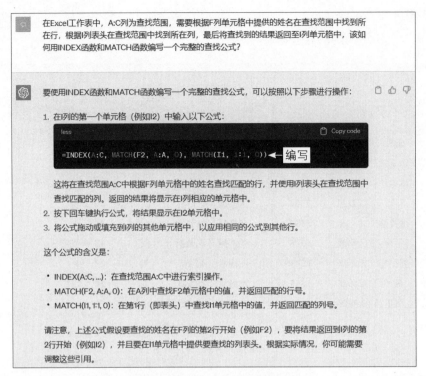

图 5-59 ChatGPT 编写的函数组合公式

步骤04 复制函数公式，返回Excel工作表，❶选择I2单元格；❷将公式粘贴在编辑栏中：=INDEX(A:C,MATCH(F2,A:A,0),MATCH(I1,1:1,0))，如图5-60所示。

SUM		✕ ✓ *fx*		=INDEX(A:C,MATCH(F2,A:A,0),MATCH(I1,1:1,0))				
▲	A	B	C	D	E	F	G	H	I
1	姓名	部门	基本工资		部门	姓名	性别	年龄	基本工资
2	海棠	计划部	4848		计划部	石竹	男	21	MATCH(I1, 1:1,0))
3	金盏菊	生产部	4269		计划部	海棠	女	23	
4	秋桑叶	市场部	4137		人事部	白芷	女	29	
5	石竹	计划部	3702		人事部	丁香	女	35	
6	木芙蓉	生产部	3954		生产部	木芙蓉	女	35	
7	丁香	人事部	3925		生产部	金盏菊	女	27	
8	墨早莲	市场部	3547		市场部	墨早莲	男	25	
9	沉香	市场部	3055		市场部	秋桑叶	女	26	
10	白芷	人事部	4903		市场部	沉香	男	23	
11									

图 5-60 在编辑栏中粘贴公式

步骤05 选择第3个编组公式中引用的单元格，按【F4】键绝对引用，以免填充公式时改变行列，效果如图5-61所示。

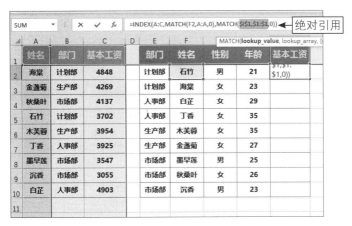

图 5-61 绝对引用单元格

步骤06 按【Enter】键确认，即可返回查找到的基本工资，效果如图5-62所示。

图 5-62 返回查找到的基本工资

步骤07 填充公式至I10单元格中，即可批量返回各员工的基本工资，效果如图5-63所示。

图 5-63 批量返回各员工的基本工资

129

5.4 用ChatGPT编写文本函数公式

Excel中的文本函数，主要用于处理和操作文本字符串，包括MID函数、LEFT函数及RIGHT函数等，可用于文本提取操作，为用户提供了丰富的功能来处理和转换文本数据。可以用ChatGPT编写文本函数公式，以便在Excel中直接套用。

5.4.1 MID 函数：提取指定位置中的字符串

扫码看教学视频

在Excel中，MID函数是Excel中的文本函数，用于从文本字符串中提取指定长度和位置的子字符串。例如，提取身份证号码中的出生日期除了通过填充方式提取，还可以用MID函数公式来提取。下面通过实例介绍使用

MID函数提取指定位置中的字符串的操作方法。

步骤01 打开一个工作表，如图5-64所示，需要在B列将身份证号码中的出生日期提取出来。

步骤02 打开ChatGPT的聊天窗口，在输入框中输入关键词"在Excel工作表中，如何用MID函数编写一个公式将身份证号码中的出生日期提取出来？"，如图5-65所示。

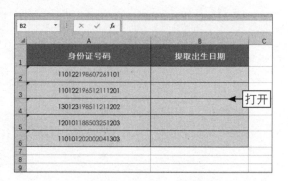

图 5-64 打开一个工作表

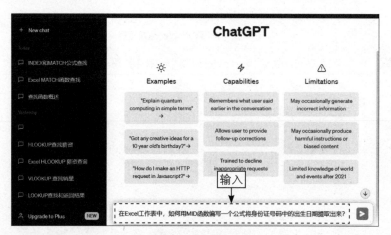

图 5-65 输入关键词

步骤03 执行操作后，按【Enter】键发送，ChatGPT即可根据提问编写函数公式，如图5-66所示。

步骤04 复制函数公式，返回Excel工作表，❶选择B2单元格；❷将公式粘贴在编辑栏中：=MID(A1,7,8)，如图5-67所示。

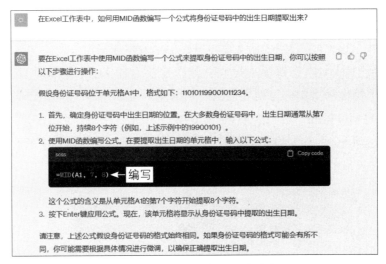

图 5-66 ChatGPT 编写的函数公式

步骤05 根据实际情况，将公式中引用的A1单元格修改为A2单元格，效果如图5-68所示。

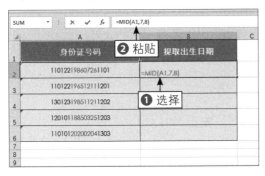

图 5-67 在编辑栏中粘贴公式

图 5-68 更改引用的单元格

步骤06 执行操作后，按【Enter】键确认，即可提取A2单元格中的出生日期，效果如图5-69所示。

步骤07 填充公式至B6单元格中，即可批量提取身份证号码中的出生日期，效果如图5-70所示。

图 5-69 提取 A2 单元格中的出生日期

图 5-70 批量提取身份证号码中的出生日期

5.4.2 LEFT 与 RIGHT 函数：提取左右侧指定字符串

扫码看教学视频

在Excel中，LEFT函数用于从文本字符串中提取左侧指定长度的字符，RIGHT函数用于从文本字符串中提取右侧指定长度的字符。这两个函数常用于截取字符串的操作，方便提取需要的信息。下面通过实例介绍使用LEFT和RIGHT函数提取左右侧指定字符串的操作方法。

步骤01 打开一个工作表，如图5-71所示，A列中的时间包含数字和符号在内共5个字符，需要在表格中将活动流程开始时间和结束时间从A列中分别提取出来。

	A	B	C	D	E
1	活动时间安排	活动流程	开始时间	结束时间	
2	17:00—17:50	嘉宾签到入场			
3	18:00—18:10	主持人开场			
4	18:10—18:30	董事长致辞			
5	18:30—19:00	第一轮抽奖活动			←打开
6	19:00—20:10	开始晚宴			
7	20:10—20:40	第二轮抽奖活动			
8	20:40—21:30	商业互动与交流			
9	21:30—21:35	结束立场			
10					

图 5-71　打开一个工作表

步骤02 打开ChatGPT的聊天窗口，在输入框中输入关键词"在Excel工作表中，时间为5个字符，如何用LEFT函数和RIGHT函数各编写一个公式，将A列中的开始时间和结束时间提取出来？"，如图5-72所示。

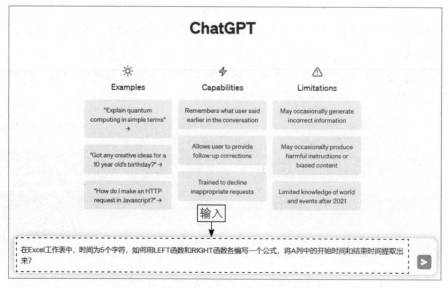

图 5-72　输入关键词

步骤 03 执行操作后，按【Enter】键发送，ChatGPT即可根据提问编写函数公式，如图5-73所示，可以看到编写的公式非常简单，也易于理解。

图 5-73 ChatGPT 编写的函数公式

步骤 04 复制LEFT函数公式，返回Excel工作表，❶选择C2单元格；❷将公式粘贴在编辑栏中，并将引用的A1改为A2：=LEFT(A2,5)，如图5-74所示。

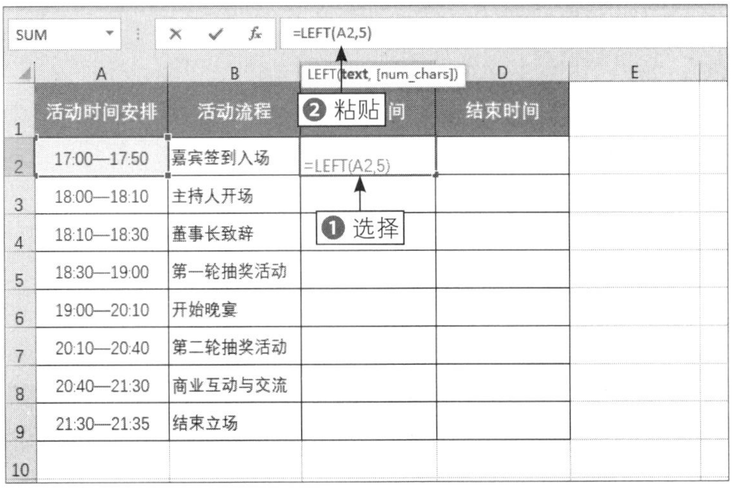

图 5-74 在编辑栏中粘贴公式

步骤 05 填充公式至C9单元格中，即可批量提取开始时间，如图5-75所示。

C2		▼	:	× ✓	fx	=LEFT(A2,5)	

▲	A	B	C	D	E
1	活动时间安排	活动流程	开始时间	结束时间	
2	17:00—17:50	嘉宾签到入场	17:00		
3	18:00—18:10	主持人开场	18:00		
4	18:10—18:30	董事长致辞	18:10	←提取	
5	18:30—19:00	第一轮抽奖活动	18:30		
6	19:00—20:10	开始晚宴	19:00		
7	20:10—20:40	第二轮抽奖活动	20:10		
8	20:40—21:30	商业互动与交流	20:40		
9	21:30—21:35	结束立场	21:30		
10					

图 5-75　批量提取开始时间

步骤06 复制RIGHT函数公式，在Excel工作表中，❶选择D2单元格；❷将公式粘贴在编辑栏中，并将引用的A1改为A2：=RIGHT(A2,5)；❸填充公式至D9单元格中批量提取结束时间，如图5-76所示。

D2		▼	:	× ✓	fx	=RIGHT(A2,5)	

❷粘贴

▲	A	B	C	D	E
1	活动时间安排	活动流程	开始时间	结束时间	
2	17:00—17:50	嘉宾签到入场	17:00	17:50	←❶选择
3	18:00—18:10	主持人开场	18:00	18:10	
4	18:10—18:30	董事长致辞	18:10	18:30	
5	18:30—19:00	第一轮抽奖活动	18:30	19:00	
6	19:00—20:10	开始晚宴	19:00	20:10	←❸提取
7	20:10—20:40	第二轮抽奖活动	20:10	20:40	
8	20:40—21:30	商业互动与交流	20:40	21:30	
9	21:30—21:35	结束立场	21:30	21:35	
10					

图 5-76　批量提取结束时间

本章主要向读者介绍了用ChatGPT编写常用函数公式、编写逻辑函数公式、编写查找函数公式及编写文本函数公式的操作方法。通过对本章的学习，希望读者能够更好地掌握用ChatGPT编写函数公式的操作技巧。

课后习题

鉴于本章知识的重要性，为了帮助读者更好地掌握所学知识，本节将通过课后习题，帮助读者进行简单的知识回顾和补充。

1. 根据如图5-77所示的工作表，使用ChatGPT编写一个IF函数公式，用于判断销售业绩是否达标。

	A	B	C	D
1	员工	销售目标	销售业绩	是否达标
2	百合	200	220	
3	月季	150	135	
4	茉莉	100	80	
5	海棠	200	250	
6	玫瑰	220	300	
7				

扫码看教学视频

图 5-77　判断销售业绩是否达标工作表

2. 使用ChatGPT编写的IF函数公式，在如图5-77所示的工作表中进行验证。

扫码看教学视频

第6章

使用插件：将ChatGPT
接入到Excel中

在Excel中，用户可以通过加载插件的方式，将
ChatGPT直接接入到Excel中进行使用。这种插件
将为用户提供一种便捷的方式，将ChatGPT的强
大语言处理能力整合到Excel的工作流程中。本
章将向读者介绍将ChatGPT接入到Excel中的操
作方法，以及接入后各指令的相关使用方法。

6.1 加载ChatGPT插件

在Excel中加载ChatGPT插件后，用户便可以在工作表中与ChatGPT进行对话，并利用其智能的自然语言理解和生成能力来执行各种任务。这种集成将大大提高用户在Excel中的工作效率，无须切换到其他应用程序或浏览器，用户可以直接在Excel中获取ChatGPT的帮助。本节主要介绍加载ChatGPT插件的操作方法。

6.1.1 接入 ChatGPT 插件

在Excel中，用户可以通过"插入"功能区中的"获取加载项"功能，接入ChatGPT插件，下面介绍具体的操作方法。

扫码看教学视频

步骤01 打开一个空白工作表，在"插入"功能区的"加载项"面板中，单击"获取加载项"按钮，如图6-1所示。

步骤02 执行操作后，弹出"Office加载项"对话框，如图6-2所示，其中显示了多款热门插件，既有免费的插件，也有需要花钱购买的插件。

图 6-1 单击"获取加载项"按钮

图 6-2 "Office 加载项"对话框

步骤03 在搜索框中输入ChatGPT，如图6-3所示。

步骤04 单击"搜索"按钮 ，即可搜索到与ChatGPT相关的插件，在ChatGPT for Excel插件右侧，单击"添加"按钮，如图6-4所示。

步骤05 弹出"请稍等..."对话框，单击"继续"按钮，如图6-5所示。

步骤06 稍等片刻，即可加载ChatGPT插件，将其接入Excel中。在"开始"功能区的最后面，即可显示ChatGPT for Excel插件图标，如图6-6所示。

图6-3 输入 ChatGPT

图6-4 单击"添加"按钮

图6-5 单击"继续"按钮

步骤07 单击ChatGPT for Excel插件图标，即可展开ChatGPT for Excel插件面板，如图6-7所示。用户需要在面板下方的Your OpenAI API Key（您的OpenAI API密钥）文本框中输入密钥，才可以使用ChatGPT for Excel插件。

图6-6 显示 ChatGPT for Excel 插件图标

图6-7 展开 ChatGPT for Excel 插件面板

6.1.2　获取 OpenAI API Key（密钥）

OpenAI是一个人工智能研究实验室和技术公司，而ChatGPT是OpenAI开发的一种基于自然语言处理的语言模型。在Excel中接入ChatGPT插件后，需要使用OpenAI API Key（密钥），下面介绍获取密钥的操作方法。

首先需要用户访问ChatGPT的网站并登录账号，然后进入OpenAI官网，❶在网页上方单击Developers（开发人员）按钮；❷在打开的下拉列表框中选择API reference（API参考）选项，如图6-8所示。

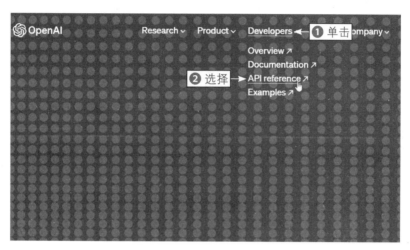

图 6-8　选择 API reference 选项

执行操作后，进入API REFERENCE页面，在Authentication（身份验证）选项区中，单击字体为绿色的API Keys链接，如图6-9所示。

图 6-9　单击 API Keys 链接

进入身份验证页面，单击Log in（登录）按钮，如图6-10所示，因前面已经访问并登录了ChatGPT，所以此处会自动登录账号。

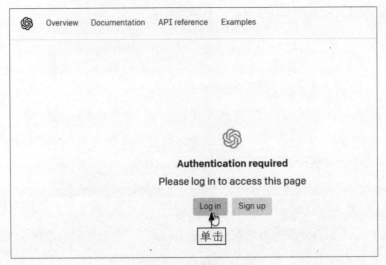

图 6-10　单击 Log in 按钮

　　进入API keys页面，在表格中显示了之前获取过的密钥记录，此处单击Create new secret key（创建新密钥）按钮，如图6-11所示。

图 6-11　单击 Create new secret key 按钮

　　弹出Create new secret key对话框，单击Create secret key（创建密钥）按钮，如图6-12所示。

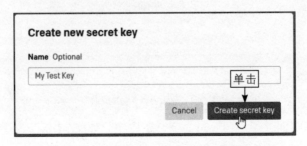

图 6-12　单击 Create secret key 按钮

执行上述操作后，即可创建密钥，单击文本框右侧的 🗐（复制）按钮，如图6-13所示，即可获取创建的密钥。

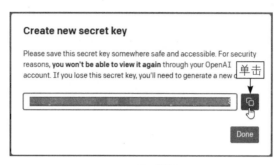

图 6-13 单击 🗐 按钮

6.1.3 输入 ChatGPT 插件密钥

在OpenAI官网中获取API密钥后，即可返回Excel工作表，展开ChatGPT for Excel插件面板，❶在面板下方的Your OpenAI API Key文本框中输入获取的密钥；❷单击APPLY（申请）按钮，如图6-14所示。

图 6-14 单击 APPLY 按钮

执行操作后，即可通过申请，成功应用API密钥，并提示用户可以在工作表中使用对应的AI函数，如图6-15所示。

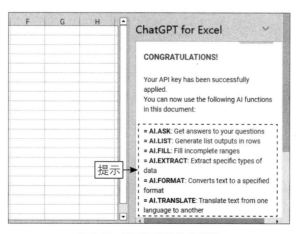

图 6-15 提示可使用的 AI 函数

在ChatGPT插件面板中，所提示的各个AI函数作用如下。

=AI.ASK，可以获取问题的答案。

=AI.LIST，可以将行数据合并生成列表输出。

=AI.FILL，可以填充不完整的范围，自动生成或填充连续的序列。

=AI.EXTRACT，可以提取特定类型的数据。

=AI.FORMAT，可以将数值和日期格式转换为指定的格式。

=AI.TRANSLATE，可以将文本从一种语言翻译成另一种语言。

6.2 使用ChatGPT AI函数

ChatGPT插件为用户提供了6个AI函数，用户可以在Excel工作表中使用这些AI函数，从而获取AI生成的答案。本节将向读者介绍在Excel工作表中使用ChatGPT AI函数的操作方法。

6.2.1 使用 AI.ASK 函数向 ChatGPT 提问

扫码看教学视频

在Excel中，用户可以通过AI.ASK函数在任意一个单元格中向ChatGPT进行提问并获取对应的答案。下面介绍使用AI.ASK函数向ChatGPT提问并获取答案的具体操作方法。

步骤 01 打开一个工作表，如图6-16所示，其中A1单元格中已列出了需要向ChatGPT提出的问题。

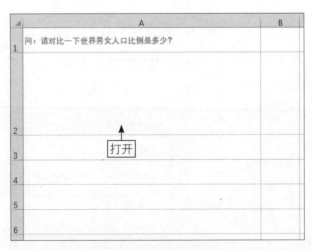

图 6-16　打开一个工作表

步骤 02 在A2单元格中输入AI函数公式：=AI.ASK（"请对比一下世界男女人口比例是多少？"），如图6-17所示。

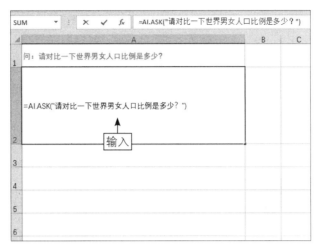

图 6-17　输入 AI 函数公式

步骤 03 按【Enter】键确认，会在单元格中显示"＃BUSY！"，表示正在加载回复中，如图6-18所示。

步骤 04 稍等片刻，即可在A2单元格中获取到ChatGPT回复的答案，如图6-19所示。

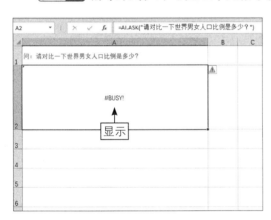

图 6-18　在单元格中显示"＃BUSY！"

图 6-19　获取 ChatGPT 回复的答案

6.2.2　使用 AI.EXTRACT 函数提取特定信息

在Excel中，用户可以通过AI.EXTRACT函数从文本中提取特定类型的信息。该函数可以帮助用户自动识别和提取文本中的关键词、日期及地址等重要信息，以便进一步分析和处理。下面介绍使用AI.EXTRACT函数提取特定信息的具体操作方法。

扫码看教学视频

步骤 01 打开一个工作表，如图6-20所示，需要在C列单元格中将B列中的日期提取出来。

步骤 02 在C2单元格中输入AI函数公式：=AI.EXTRACT(B2,"DATE")，如图6-21所示。

图 6-20　打开一个工作表

图 6-21　输入 AI 函数公式

步骤 03 按【Enter】键确认，即可返回B2单元格中的日期，如图6-22所示。

图 6-22　返回 B2 单元格中的日期

步骤04 双击C2单元格的右下角，填充公式至C7单元格，批量提取日期，如图6-23所示。

C7	▼ ⋮ × ✓ ƒx	=AI.EXTRACT(B7,"DATE")

	A	B	C
1	活动项目策划	活动时间	具体日期
2	《粽海情深，与爱同行》	定于于2023年6月22日举办	2023年6月22日
3	《过传统节，共中国情（中秋节）》	计划于2023年9月29日举行	2023年9月29日
4	《过传统节，共中国情（重阳节）》	计划于2023年10月23日举行	2023年10月23日
5	《圣诞狂欢，60小时不夜城》	定于2023年12月24日开始	2023年12月24日
6	《热火春节，送温暖，办实事》	预计在2024年2月2日举行	2024年2月2日
7	《金色童年，梦想舞台》	预计在2024年6月1日举行	June 1, 2024
8			↑提取
9			
10			

图 6-23 批量提取日期

6.2.3 使用 AI.FILL 函数自动生成连续序列

在Excel中，AI函数AI.FILL的作用是自动生成连续序列或填充单元格中的重复模式。该函数可以帮助用户快速生成数字序列、日期序列、自定义文本序列或重复模式，并填充到指定的单元格范围中。下面介绍使用AI.FILL函数自动生成连续序列的具体操作方法。

扫码看教学视频

步骤01 打开一个工作表，如图6-24所示，需要在A列单元格中生成连续的序号。

A2	▼ ⋮ × ✓ ƒx	

	A	B	C	D
1	序号	部门	参赛人数	
2		管理部	2	
3		财务部	2	
4		人事部	2	
5		业务部	4	
6		销售部	8	←打开
7		后勤部	5	
8		生产部	13	
9		品管部	6	
10		仓管部	3	
11		设计部	2	

图 6-24 打开一个工作表

步骤02 在A2单元格中输入起始值为1，如图6-25所示。

步骤03 在A3单元格中输入AI函数公式：=AI.FILL(A2,10)，如图6-26所示，表示起始值为A2单元格中的值，向后填充10个单元格。

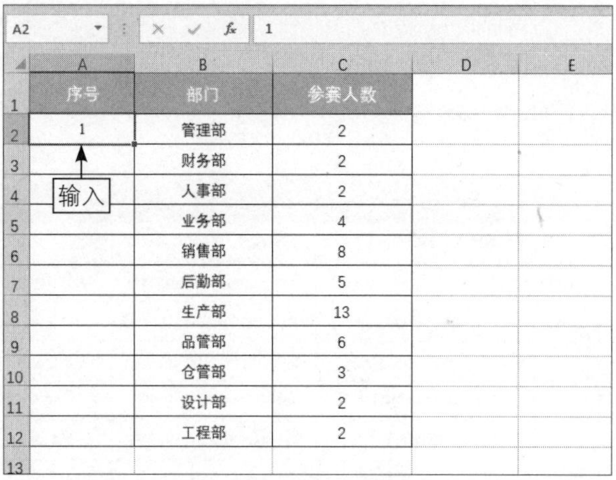

序号	部门	参赛人数
1	管理部	2
	财务部	2
	人事部	2
	业务部	4
	销售部	8
	后勤部	5
	生产部	13
	品管部	6
	仓管部	3
	设计部	2
	工程部	2

图 6-25　输入起始值为 1

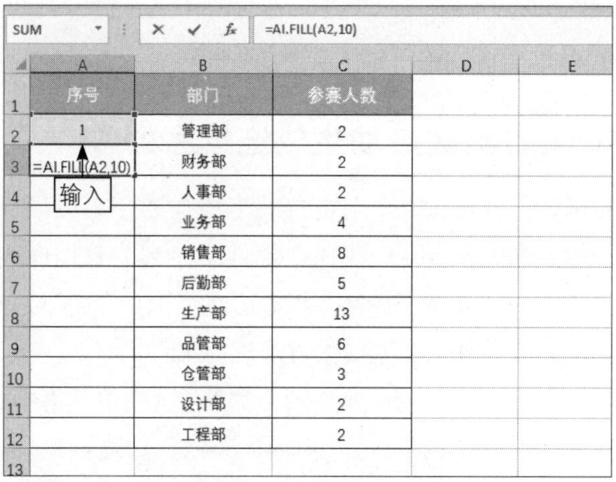

序号	部门	参赛人数
1	管理部	2
=AI.FILL(A2,10)	财务部	2
	人事部	2
	业务部	4
	销售部	8
	后勤部	5
	生产部	13
	品管部	6
	仓管部	3
	设计部	2
	工程部	2

图 6-26　输入 AI 函数公式

步骤 04 按回车键确认，即可生成连续的序号，如图6-27所示。

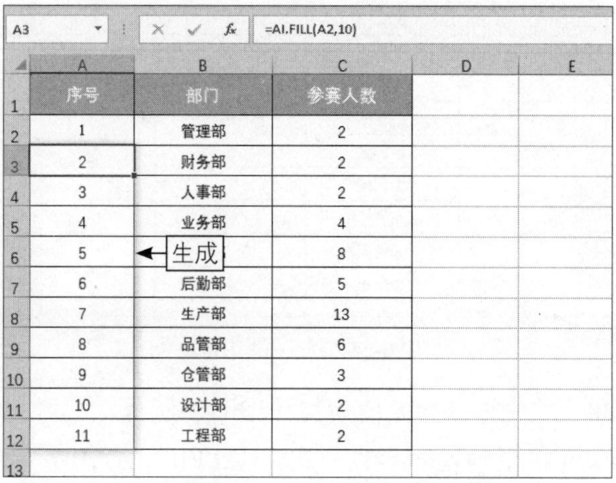

序号	部门	参赛人数
1	管理部	2
2	财务部	2
3	人事部	2
4	业务部	4
5	销售部	8
6	后勤部	5
7	生产部	13
8	品管部	6
9	仓管部	3
10	设计部	2
11	工程部	2

图 6-27　生成连续的序号

6.2.4 使用 AI.FORMAT 函数转换数值格式

在Excel中，AI函数AI.FORMAT主要用于将数值或日期格式转换为指定的格式。该函数可以帮助用户根据需求自定义数值或日期的显示方式，包括小数位数、千位分隔符、货币符号、日期格式等。下面介绍使用AI.FORMAT函数转换数值格式的具体操作方法。

步骤01 打开一个工作表，如图6-28所示，需要将A列单元格中的数值格式转换为货币格式。

步骤02 在B2单元格中输入AI函数公式：=AI.FORMAT(A2,"¥0.00")，如图6-29所示。

| 图 6-28 打开一个工作表 | 图 6-29 输入 AI 函数公式 |

步骤03 按【Enter】键确认，即可转换A2单元格中的数值格式为货币格式，如图6-30所示。

步骤04 填充公式至B7单元格中，即可批量转换数值格式，如图6-31所示。

| 图 6-30 转换数值格式为货币格式 | 图 6-31 批量转换数值格式 |

6.2.5　使用 AI.LIST 函数合并每行数值

在Excel中，AI函数AI.LIST的作用是将指定的数值或文本列表转换为一个逗号分隔的字符串。它可以将一系列数值或文本值合并成一个字符串，方便进行后续处理或显示。下面介绍使用AI.LIST函数合并每行数值的具体操作方法。

扫码看教学视频

步骤01 打开一个工作表，如图6-32所示，需要将A列单元格中的整数数值合并到B列单元格中并用逗号间隔每行数值。

步骤02 在B2单元格中输入AI函数公式：=AI.LIST(A2:A6)，如图6-33所示。

图 6-32　打开一个工作表

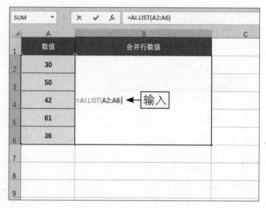
图 6-33　输入 AI 函数公式

步骤03 按【Enter】键确认，即可将A2:A6单元格中的数值合并到一起，并用逗号进行间隔区分，如图6-34所示。

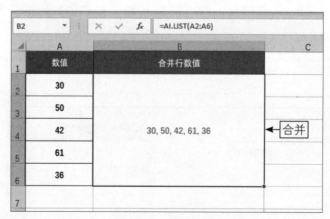
图 6-34　合并行数值

6.2.6　使用 AI.TRANSLATE 函数翻译文本

在Excel中，AI函数AI.TRANSLATE的作用是将指定的文本根据提供的翻译词典进行翻译，可以帮助用户在Excel中实现文本翻译的功能。下面介

扫码看教学视频

绍使用AI.TRANSLATE函数翻译文本的具体操作方法。

步骤 01 打开一个工作表，如图6-35所示，需要将A列单元格中的英文翻译成中文。

步骤 02 ❶选择B2:B6单元格；❷在编辑栏中输入AI函数公式：=AI.TRANSLATE(A2,"中文简体")，如图6-36所示。

图 6-35　打开一个工作表

图 6-36　输入 AI 函数公式

步骤 03 按【Ctrl+Enter】组合键确认，即可将A列中的英文翻译成中文简体，如图6-37所示。

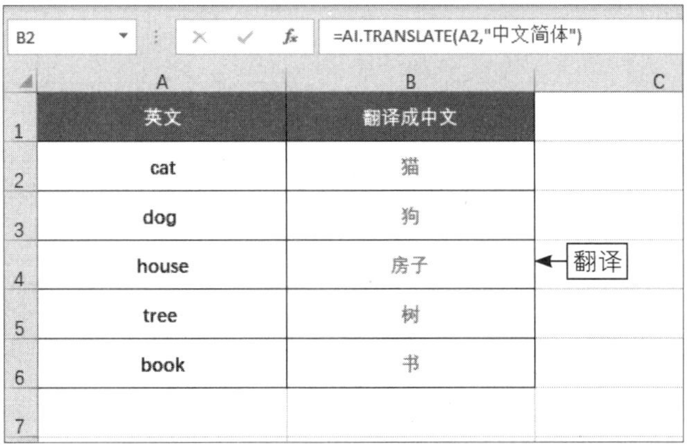

图 6-37　将 A 列中的英文翻译成中文简体

本章小结

本章主要向读者介绍了如何在Excel中加载ChatGPT插件，以及加载ChatGPT后如何使用其提供的AI函数。通过对本章的学习，希望读者能够更好地掌握ChatGPT插件在Excel中的应用与优化技巧。

课后习题

扫码看教学视频

鉴于本章知识的重要性，为了帮助读者更好地掌握所学知识，本节将通过课后习题，帮助读者进行简单的知识回顾和补充。

1. 参考本章6.1节中的内容，在Excel中加载ChatGPT插件。

2. 使用AI函数AI.TRANSLATE将表格中的中文翻译成英文，如图6-38所示。

A7	▼ : ✕ ✓ fx		
▲	A	B	C
1	中文	翻译成英文	
2	柴犬	Shiba Inu	
3	橘猫	Orange Cat	
4	小狼犬	Small Wolf Dog	← 翻译
5	玫瑰花	Rose	
6	康乃馨	Carnation	
7			

图 6-38　将 A 列中的中文翻译成英文

第7章

开发工具：用ChatGPT
创建Excel宏

Excel宏是一个自动化开发工具，宏是一组VBA
（Visual Basic for Applications）代码，用户可以
通过编写代码来实现在Excel中进行自动化操作
和任务，执行如数据处理、格式设置及自动化
计算等操作。通过结合Excel的宏编程语言和
ChatGPT的能力，可以创建更智能、更高效
的Excel宏，使用户能够更加灵活、便捷地
进行数据处理和操作。

7.1 用ChatGPT编写宏代码

在Excel中编写宏代码，需要用户对宏编程语言具有一定的了解，否则很容易编写出错或者编写失败。用户可以通过对话的方式，向ChatGPT描述想要在Excel中实现的功能和操作，让ChatGPT来编写代码，而无须自己深入了解宏编程语言。ChatGPT会根据用户的描述迅速生成代码草稿，并根据用户的反馈进行迭代改进，为用户提供更加直观、快速、智能的开发体验，帮助用户实现更高效、更自动化的Excel操作和任务。

7.1.1 在菜单栏中添加开发工具

扫码看教学视频

在Excel工作表中，"开发工具"在默认状态下处于隐藏状态，用户要想在Excel中使用宏或者VBA编辑器，首先需要将"开发工具"添加到菜单栏中。下面介绍在菜单栏中添加开发工具的操作方法。

步骤01 打开Excel软件，单击"文件"菜单，展开导航菜单，选择"选项"命令，如图7-1所示。

步骤02 执行上述操作后，弹出"Excel选项"对话框，如图7-2所示。

步骤03 选择"自定义功能区"选项，如图7-3所示，即可展开"自定义功能区"面板。

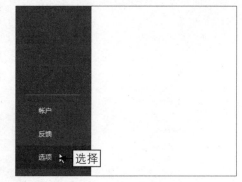

图 7-1 选择"选项"命令

图 7-2 "Excel 选项"对话框

步骤04 在"主选项卡"列表框中，❶选择"开发工具"复选框后；❷单击"确定"按钮，如图7-4所示。

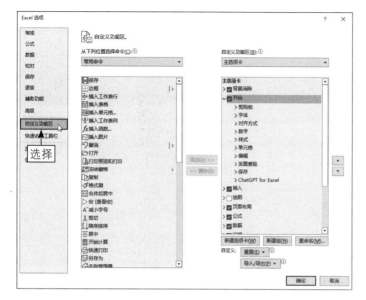

图 7-3　选择"自定义功能区"选项

图 7-4　单击"确定"按钮

步骤 05 执行操作后，即可将"开发工具"添加到菜单栏中，如图7-5所示。

图 7-5　将"开发工具"添加到菜单栏中

7.1.2　如何在 ChatGPT 中获取宏代码

当用户不知道该如何在ChatGPT中获取宏代码时，可以直接向ChatGPT发问，ChatGPT会回复获取宏代码的方法，下面介绍具体的操作方法。

扫码看教学视频

步骤 01 打开ChatGPT的聊天窗口，在输入框中输入关键词"我该如何在ChatGPT中获取宏代码？请举例说明"，如图7-6所示。

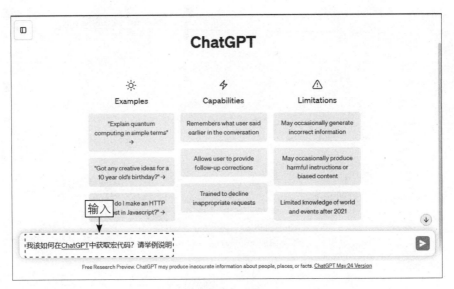

图 7-6　输入关键词

步骤02 按【Enter】键发送，ChatGPT即可根据提问进行回复，并向用户反馈详细的操作步骤，如图7-7所示。

图 7-7　ChatGPT 的回复及详细的操作步骤

步骤03 用户还可以在输入框中继续提问"生成宏代码后，在Excel中该如何操作？"，如图7-8所示。

图 7-8 再次向 ChatGPT 提问

步骤04 按【Enter】键确认，ChatGPT即可根据提问回复在Excel中使用宏代码的操作方法，如图7-9所示。

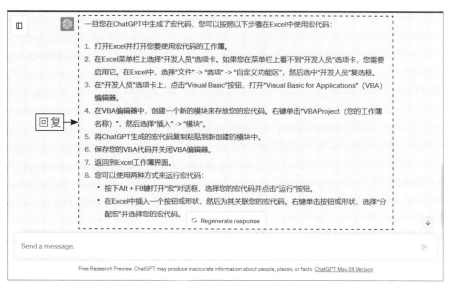

图 7-9 ChatGPT 回复在 Excel 中使用宏代码的操作方法

7.1.3 在 Excel 中使用 ChatGPT 编写的代码

根据7.1.2节中ChatGPT的回复，可以参考其描述的操作，在Excel中使用ChatGPT编写的代码，下面介绍具体的操作方法。

步骤01 打开一个工作表，如图7-10所示，需要对表格中的生产量进行求和。

扫码看教学视频

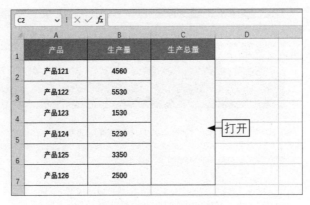

图 7-10　打开一个工作表

步骤02 打开ChatGPT的聊天窗口，在输入框中输入关键词"在Excel工作表中，C2:C7单元格为合并单元格，需要对B2:B7单元格中的值进行自动求和，并将求和结果返回到C2:C7合并单元格中，该如何编写宏代码？"，如图7-11所示。

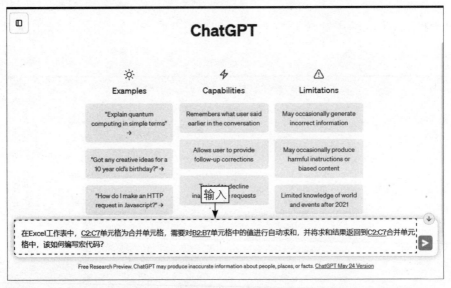

图 7-11　输入关键词

步骤03 按【Enter】键发送，❶ChatGPT即可根据提问编写宏代码，并向用户反馈详细的操作步骤；❷单击黑色文本框右上角的Copy code按钮，复制编写的宏代码，如图7-12所示。

步骤04 返回Excel工作表，按【Alt+F11】组合键，即可打开Microsoft Visual Basic for Applications（VBA）编辑器，选择"插入"|"模块"命令，如图7-13所示，即可插入一个新的模块。

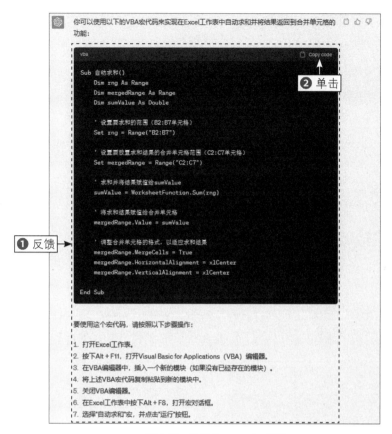

图 7-12 单击 Copy code 按钮

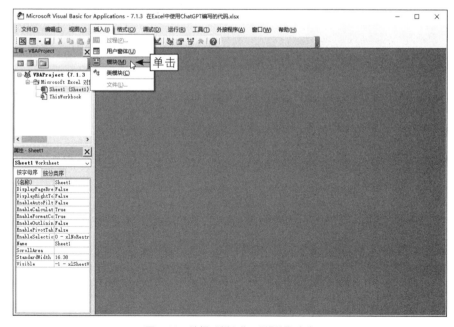

图 7-13 选择"插入"|"模块"命令

步骤 05 执行操作后，在模块中粘贴复制的宏代码，如图7-14所示。

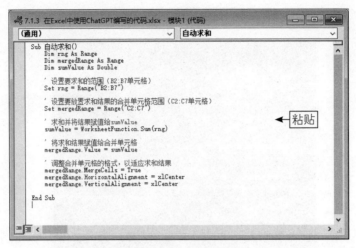

图 7-14   粘贴复制的宏代码

步骤 06 单击"运行子过程/用户窗体"按钮▷，或按【F5】键运行宏，如图7-15所示。

步骤 07 关闭VBA编辑器，返回工作表查看自动求和结果，如图7-16所示。

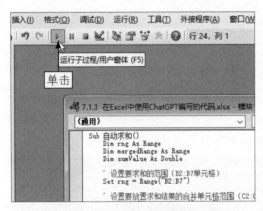

图7-15   单击"运行子过程/用户窗体"按钮

图 7-16   查看自动求和结果

7.2   用ChatGPT编写拆合代码

在Excel中，用户可以通过宏代码对工作簿中的多个工作表进行拆分、合并，如果用户自己不会编写，可以通过ChatGPT来编写拆分与合并工作表的代码，这样在执行拆分、合并工作表等任务时用户便能轻松很多。

7.2.1   用 ChatGPT 编写拆分工作表的代码

拆分工作表是指将工作簿中的多个工作表拆分为多个单独的文件，如果将工作表一个一个地拆分需要耗费太多时间，用户可以用ChatGPT编写拆

扫码看教学视频

分工作表的代码，让Excel自己拆分工作表，下面介绍具体的操作方法。

步骤01 打开一个工作簿，其中包含了多个工作表，其中两个工作表中的内容如图7-17所示。

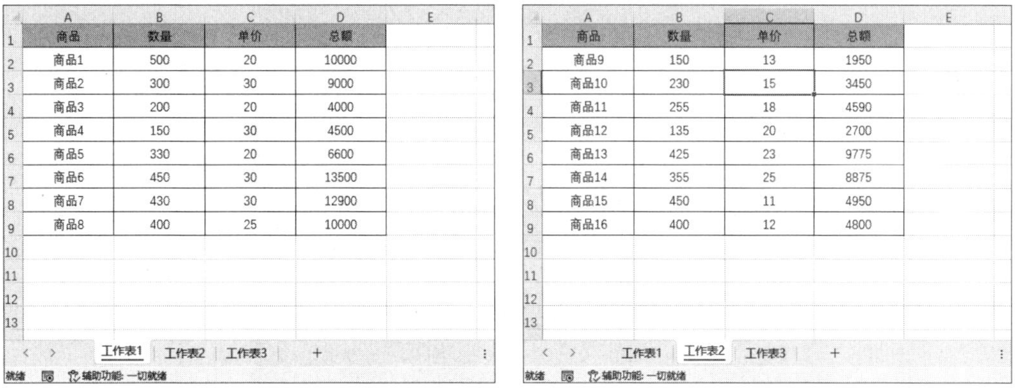

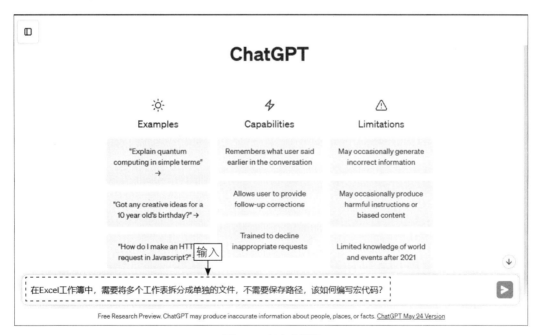

图 7-17　展示两个工作表中的内容

步骤02 打开ChatGPT的聊天窗口，在输入框中输入关键词"在Excel工作簿中，需要将多个工作表拆分成单独的文件，不需要保存路径，该如何编写宏代码？"，如图7-18所示。

图 7-18　输入关键词

步骤03 按【Enter】键发送，ChatGPT即可根据提问编写宏代码，并向用户反馈详细的操作步骤，如图7-19所示。

步骤04 复制编写的宏代码，返回Excel工作表，打开VBA编辑器，插入一个新的模块，在其中粘贴复制的宏代码，如图7-20所示。

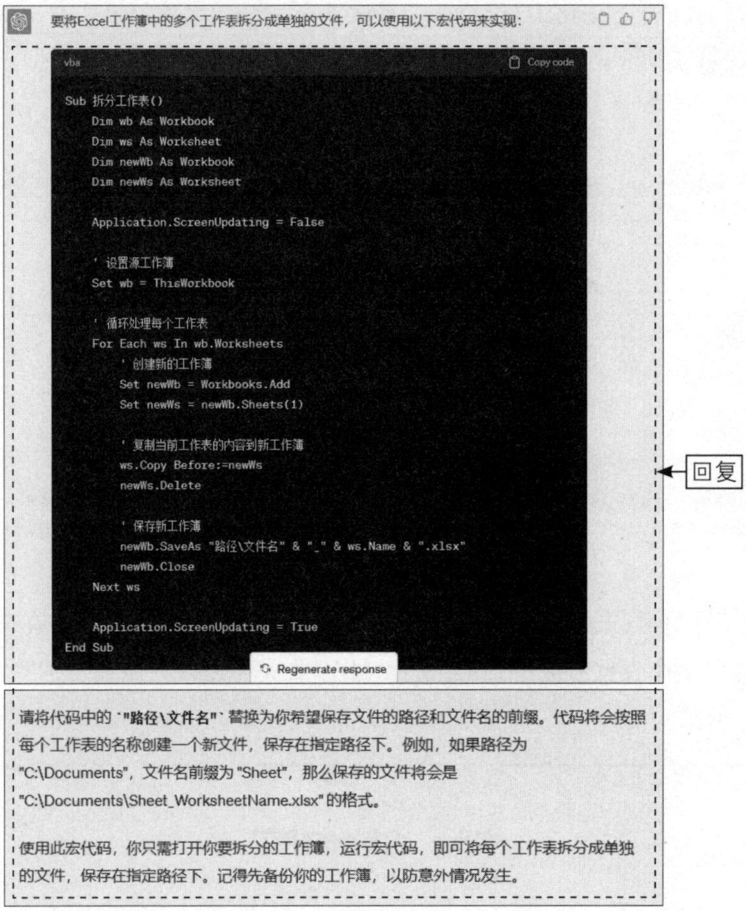

要将Excel工作簿中的多个工作表拆分成单独的文件，可以使用以下宏代码来实现：

```vba
Sub 拆分工作表()
    Dim wb As Workbook
    Dim ws As Worksheet
    Dim newWb As Workbook
    Dim newWs As Worksheet

    Application.ScreenUpdating = False

    ' 设置源工作簿
    Set wb = ThisWorkbook

    ' 循环处理每个工作表
    For Each ws In wb.Worksheets
        ' 创建新的工作簿
        Set newWb = Workbooks.Add
        Set newWs = newWb.Sheets(1)

        ' 复制当前工作表的内容到新工作簿
        ws.Copy Before:=newWs
        newWs.Delete

        ' 保存新工作簿
        newWb.SaveAs "路径\文件名" & "_" & ws.Name & ".xlsx"
        newWb.Close
    Next ws

    Application.ScreenUpdating = True
End Sub
```

请将代码中的 `"路径\文件名"` 替换为你希望保存文件的路径和文件名的前缀。代码将会按照每个工作表的名称创建一个新文件，保存在指定路径下。例如，如果路径为"C:\Documents"，文件名前缀为"Sheet"，那么保存的文件将会是"C:\Documents\Sheet_WorksheetName.xlsx"的格式。

使用此宏代码，你只需打开你要拆分的工作簿，运行宏代码，即可将每个工作表拆分成单独的文件，保存在指定路径下。记得先备份你的工作簿，以防意外情况发生。

图 7-19　ChatGPT 的回复及详细的操作步骤

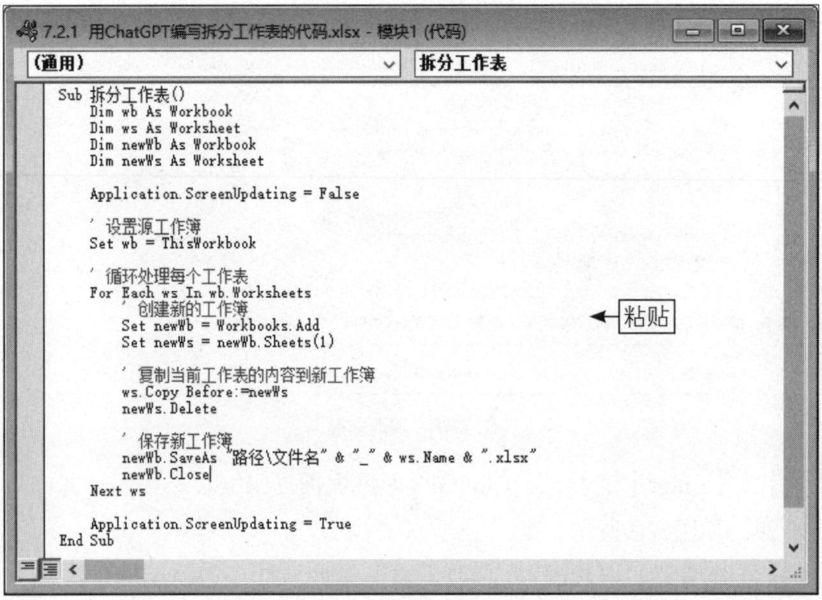

```vba
Sub 拆分工作表()
    Dim wb As Workbook
    Dim ws As Worksheet
    Dim newWb As Workbook
    Dim newWs As Worksheet

    Application.ScreenUpdating = False

    ' 设置源工作簿
    Set wb = ThisWorkbook

    ' 循环处理每个工作表
    For Each ws In wb.Worksheets
        ' 创建新的工作簿
        Set newWb = Workbooks.Add
        Set newWs = newWb.Sheets(1)

        ' 复制当前工作表的内容到新工作簿
        ws.Copy Before:=newWs
        newWs.Delete

        ' 保存新工作簿
        newWb.SaveAs "路径\文件名" & "_" & ws.Name & ".xlsx"
        newWb.Close
    Next ws

    Application.ScreenUpdating = True
End Sub
```


图 7-20　粘贴复制的宏代码

步骤 05 执行操作后，将代码中的"路径\文件名"更改为需要保存的路径和文件名的前缀"D:\效果\第7章\7.2.1 用ChatGPT编写拆分工作表的代码"，如图7-21所示。

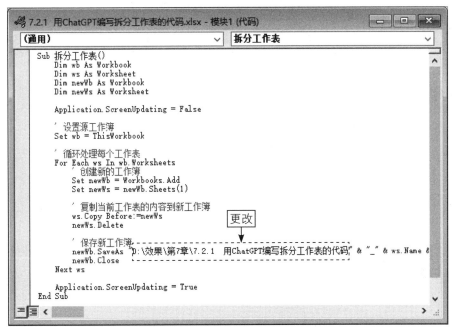

图7-21 更改保存的路径和文件名的前缀

步骤 06 单击"运行子过程/用户窗体"按钮▶，或按【F5】键运行宏，关闭VBA编辑器，即可在文件夹中保存拆分的文件，如图7-22所示。

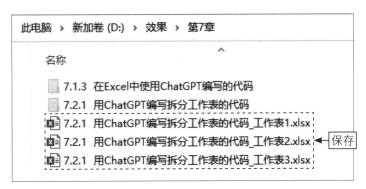

图7-22 保存拆分的文件

7.2.2 用ChatGPT编写合并工作表的代码

合并工作表是指将多个工作表合并为一个工作簿，用户可以用ChatGPT编写合并工作表的代码，让Excel自己合并工作表，下面介绍具体的操作方法。

扫码看教学视频

步骤 01 打开一个文件夹，其中显示了多个Excel文件，需要将它们整合到一个工作簿中，如图7-23所示。

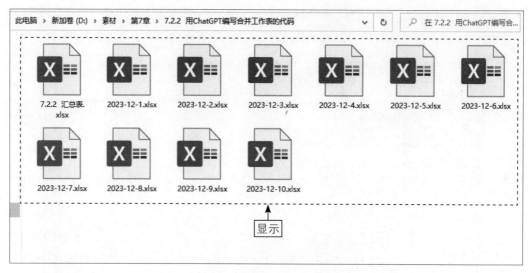

图 7-23　显示多个 Excel 文件

步骤 02 打开ChatGPT的聊天窗口，在输入框中输入关键词"在Excel中，需要将当前工作簿所在文件夹中的多个Excel文件合并到一个工作簿中，该如何编写宏代码？"，如图7-24所示。

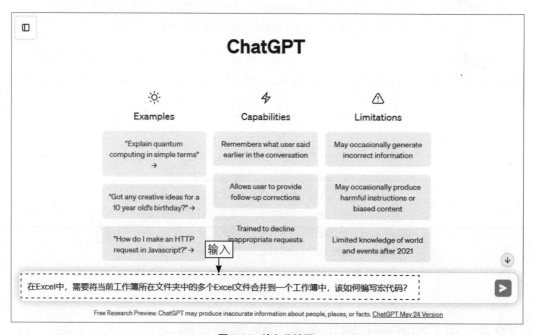

图 7-24　输入关键词

步骤 03 按【Enter】键发送，ChatGPT即可根据提问编写宏代码，并向用户反馈详细的操作步骤，如图7-25所示。

步骤 04 复制编写的宏代码，返回Excel工作表，打开VBA编辑器，插入一个新的模块，在其中粘贴复制的宏代码，如图7-26所示。

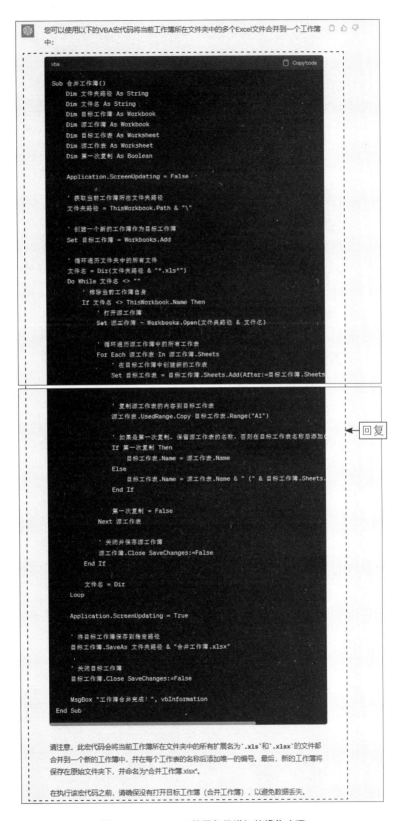

图7-25　ChatGPT 的回复及详细的操作步骤

```
Sub 合并工作簿()
    Dim 文件夹路径 As String
    Dim 文件名 As String
    Dim 目标工作簿 As Workbook
    Dim 源工作簿 As Workbook
    Dim 目标工作表 As Worksheet
    Dim 源工作表 As Worksheet
    Dim 第一次复制 As Boolean

    Application.ScreenUpdating = False

    ' 获取当前工作簿所在文件夹路径
    文件夹路径 = ThisWorkbook.Path & "\"

    ' 创建一个新的工作簿作为目标工作簿
    Set 目标工作簿 = Workbooks.Add

    ' 循环遍历文件夹中的所有文件
    文件名 = Dir(文件夹路径 & "*.xls*")
    Do While 文件名 <>
        ' 排除当前工作簿自身
        If 文件名 <> ThisWorkbook.Name Then
            ' 打开源工作簿
            Set 源工作簿 = Workbooks.Open(文件夹路径 & 文件名)

            ' 循环遍历源工作簿中的所有工作表
            For Each 源工作表 In 源工作簿.Sheets
                ' 在目标工作簿中创建新的工作表
                Set 目标工作表 = 目标工作簿.Sheets.Add(After:=目标工作簿.Sheets(目标工作簿.Sheets.Count))

                ' 复制源工作表的内容到目标工作表
                源工作表.UsedRange.Copy 目标工作表.Range("A1")

                ' 如果是第一次复制，保留源工作表的名称，否则在目标工作表名称后添加(2)、(3)等后缀
                If 第一次复制 Then
                    目标工作表.Name = 源工作表.Name
                Else
                    目标工作表.Name = 源工作表.Name & "(" & 目标工作簿.Sheets.Count - 1 & ")"
                End If

                第一次复制 = False
            Next 源工作表

            ' 关闭并保存源工作簿
            源工作簿.Close SaveChanges:=False
        End If

        文件名 = Dir
    Loop

    Application.ScreenUpdating = True

    ' 将目标工作簿保存到指定路径
    目标工作簿.SaveAs 文件夹路径 & "合并工作簿.xlsx"

    ' 关闭目标工作簿
    目标工作簿.Close SaveChanges:=False

    MsgBox "工作簿合并完成！", vbInformation
End Sub
```

← 粘贴

图 7-26　粘贴复制的宏代码

步骤05 单击"运行子过程/用户窗体"按钮▷，或按【F5】键运行宏，关闭VBA编辑器，即可在文件夹中生成一个合并的工作簿，如图7-27所示，用户可以双击打开该工作簿并查看合并的工作表。

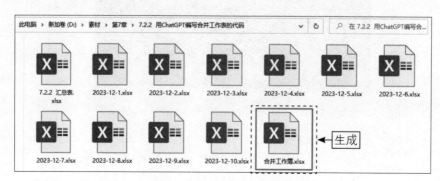

图 7-27　生成一个合并的工作簿

本章小结

本章首先介绍了用ChatGPT编写宏代码的操作，包括在菜单栏中添加开发工具、在ChatGPT中获取宏代码，以及在Excel中使用ChatGPT编写的代码等；然后介绍了如何用ChatGPT编写拆合代码的操作，包括用ChatGPT编写拆分工作表的代码、用ChatGPT编写合并工作表的代码等内容。

通过对本章的学习，希望读者可以参考本章案例操作，通过ChatGPT编写代码，开发探索宏的多种使用方法。

课后习题

鉴于本章知识的重要性，为了帮助读者更好地掌握所学知识，本节将通过课后习题，帮助读者进行简单的知识回顾和补充。

1. 在Excel中打开VBA编辑器的快捷键是什么？

2. 在VBA编辑器中运行宏代码的快捷键是什么？

3. 除了快捷键，还可以通过什么方法打开VBA编辑器？

4. 使用ChatGPT编写一个隔行插入空白行的宏代码，并自行创建一个Excel工作表进行验证。

第8章

高效处理：用ChatGPT协助办公

学完前文，想必读者对ChatGPT强大的智能办公能力有了一定的了解。ChatGPT具有广泛的知识和应用领域，可以根据用户的需求进行定制和配置，帮助用户自动化完成Excel中的各种任务和操作，高效处理大量的数据，以及执行复杂的检查、计算、查找和筛选等操作。

8.1 让ChatGPT检查和查找数据

在Excel中，当工作表中的数据内容较多、较密时，用户可以让ChatGPT来检查数据、查找数据，以减少人工检查数据的时间成本。在使用ChatGPT时，用户需要确保提供清晰、明确的指令，以便它能够更好地理解用户的需求，从而为用户提供准确地帮助。

8.1.1 由 ChatGPT 协助检查数据

扫码看教学视频

使用ChatGPT协助检查Excel工作表中的数据，可以高效地发现错误和问题，确保数据质量，让用户在办公时更加准确、可靠。下面介绍由ChatGPT协助检查数据的操作方法。

步骤01 打开一个工作表，如图8-1所示，需要检查工作表中是否有空白的单元格，是否有资料未填写。

步骤02 打开ChatGPT的聊天窗口，在输入框中输入关键词"在Excel中，使用函数公式检查A2:E9单元格中是否都有输入资料，如有空白的单元格，需要在F2:F9单元格中提示'有资料未填写'"，如图8-2所示。

图 8-1 打开一个工作表

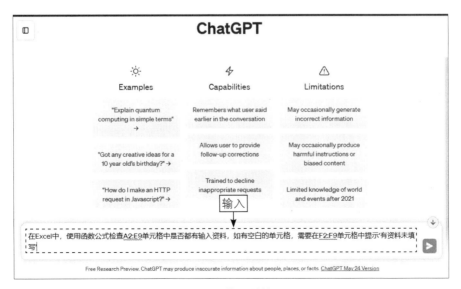

图 8-2 输入关键词

步骤03 按【Enter】键发送，ChatGPT即可根据输入的内容编写一个检查公式，如图8-3所示。

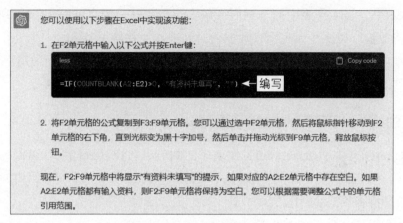

图8-3 ChatGPT 编写的检查公式

步骤04 复制ChatGPT编写的公式，返回Excel工作表，在F2单元格中粘贴：=IF(COUNTBLANK(A2:E2)>0,"有资料未填写","")，如图8-4所示。

	A	B	C	D	E	F	G
	会员卡编号	姓名	性别	使用次数	余额/元	备注	
2	1001	红掌	男	=IF(COUNTBLANK(A2:E2)>0,"有资料未填写","")			
3		玉兰	女	8	400		
4	1003	雪莲		6	600		
5	1004	风信	男	6	600		
6	1005		男		700		
7	1006	玉簪	男	4	800		
8	1007	菖蒲	女		800		
9	1008	山茶	女	3	900		

图8-4 粘贴复制的公式

步骤05 填充公式至F9单元格，即可检查是否有资料未填写，如图8-5所示。

	A	B	C	D	E	F	G
	会员卡编号	姓名	性别	使用次数	余额/元	备注	
2	1001	红掌	男	10	200		
3		玉兰	女	8	400	有资料未填写	
4	1003	雪莲		6	600	有资料未填写	
5	1004	风信	男	6	600		
6	1005		男		700	有资料未填写	
7	1006	玉簪	男	4	800		
8	1007	菖蒲	女		800	有资料未填写	
9	1008	山茶	女	3	900		

图8-5 检查是否有资料未填写

8.1.2　让 ChatGPT 自主判断如何查找表格数据

　　ChatGPT的自主能力很强，即使用户在输入关键词或指令时不给出指定的函数，ChatGPT也会根据用户的需求自主判断该用什么函数、该用什么方法来处理数据。下面以根据条件查找表格数据为例，介绍让ChatGPT自主判断如何查找表格数据的操作方法。

　　步骤01 打开一个工作表，在A2单元格中输入员工编号，如图8-6所示，需要通过查找公式在下方的表格中找到与员工编号对应的姓名、部门和薪资数据。

A2	✓ : × ✓ fx	230002				
	A	B	C	D	E	F
1	员工编号	姓名	部门	薪资		
2	230002 ← 输入					
3						
4	员工编号	姓名	部门	薪资		
5	230001	白芍婉	管理部	8320		
6	230002	川芎妍	人事部	5440		
7	230003	龙骨才	财务部	8550		
8	230004	黄芪娜	设计部	6820		
9	230005	泽兰雨	生产部	4350		
10	230006	陈皮蓝	仓管部	4800		
11	230007	银柴娥	后勤部	4000		
12	230008	白术蕾	生管部	5000		
13						

图 8-6　输入员工编号

　　步骤02 打开ChatGPT的聊天窗口，在输入框中输入关键词"在Excel工作表的A2单元格中输入员工编号后，需要在同一个工作表的A5:D12单元格中找出员工编号所对应的姓名、部门和薪资，并分别将结果返回至B2、C2和D2单元格中，该如何使用函数公式查找表格数据？"，如图8-7所示。

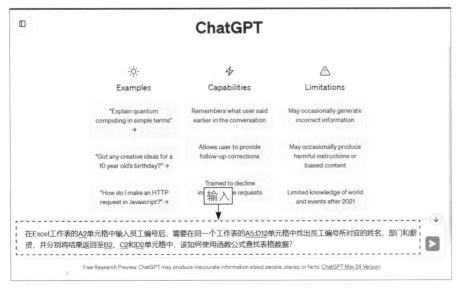

图 8-7　输入关键词

步骤03 按【Enter】键发送，ChatGPT即可根据输入的内容编写查找公式，如图8-8所示。

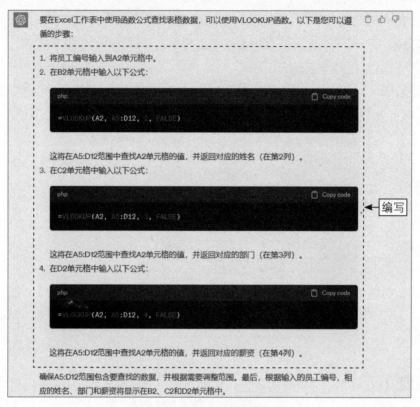

图 8-8　ChatGPT 编写的查找公式

步骤04 复制ChatGPT编写的第1个公式，返回Excel工作表，在B2单元格中粘贴：=VLOOKUP(A2,A5:D12,2,FALSE)，如图8-9所示。

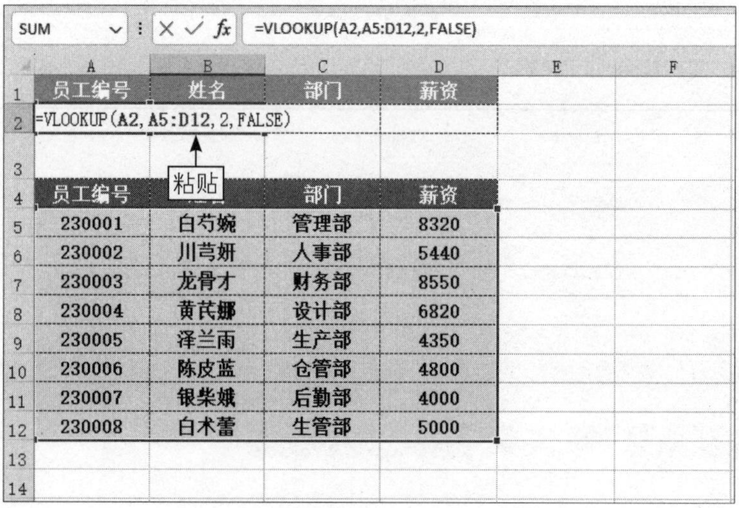

图 8-9　粘贴复制的第 1 个公式

步骤 05 按【Enter】键确认，即可查找到对应的姓名，如图8-10所示。

B2		✕ ✓ fx	=VLOOKUP(A2,A5:D12,2,FALSE)			
	A	B	C	D	E	F
1	员工编号	姓名	部门	薪资		
2	230002	川芎妍	◄ 查找			
3						
4	员工编号	姓名	部门	薪资		
5	230001	白芍婉	管理部	8320		
6	230002	川芎妍	人事部	5440		
7	230003	龙骨才	财务部	8550		
8	230004	黄芪娜	设计部	6820		
9	230005	泽兰雨	生产部	4350		
10	230006	陈皮蓝	仓管部	4800		
11	230007	银柴娥	后勤部	4000		
12	230008	白术蕾	生管部	5000		
13						
14						

图 8-10　查找到对应的姓名

步骤 06 复制ChatGPT编写的第2个公式，返回Excel工作表，在C2单元格中粘贴：=VLOOKUP(A2,A5:D12,3,FALSE)，按【Enter】键确认，即可查找到对应的部门，如图8-11所示。

C2		✕ ✓ fx	=VLOOKUP(A2, A5:D12, 3, FALSE)			
	A	B	C	D	E	F
1	员工编号	姓名	部门	薪资		
2	230002	川芎妍	人事部	◄ 查找		
3						
4	员工编号	姓名	部门	薪资		
5	230001	白芍婉	管理部	8320		
6	230002	川芎妍	人事部	5440		
7	230003	龙骨才	财务部	8550		
8	230004	黄芪娜	设计部	6820		
9	230005	泽兰雨	生产部	4350		
10	230006	陈皮蓝	仓管部	4800		
11	230007	银柴娥	后勤部	4000		
12	230008	白术蕾	生管部	5000		
13						
14						

图 8-11　查找到对应的部门

步骤 07 复制ChatGPT编写的第3个公式，返回Excel工作表，在D2单元格中粘贴：=VLOOKUP(A2,A5:D12,4,FALSE)，按【Enter】键确认，即可查找到对应的薪资，如图8-12所示。

员工编号	姓名	部门	薪资
230002	川莒妍	人事部	5440

查找

员工编号	姓名	部门	薪资
230001	白芍婉	管理部	8320
230002	川莒妍	人事部	5440
230003	龙骨才	财务部	8550
230004	黄芪娜	设计部	6820
230005	泽兰雨	生产部	4350
230006	陈皮蓝	仓管部	4800
230007	银柴娥	后勤部	4000
230008	白术蕾	生管部	5000

图 8-12　查找到对应的薪资

8.2　让ChatGPT协助办公

本节主要介绍用ChatGPT从表格中找出重复的数据、让ChatGPT分两步计算年龄与赠品、用ChatGPT跨表找出重复项，以及用ChatGPT标记大于500的值等操作，让ChatGPT协助用户高效办公。

8.2.1　用 ChatGPT 从表格中找出重复的数据

在工作表中，当用户需要从表格中找出重复的数据时，可以利用ChatGPT编写函数公式，将重复的数据资料找出来，以便用户执行统计、筛选等操作。下面以查找重复日期为例向读者介绍具体的操作方法。

扫码看教学视频

步骤01 打开一个工作表，如图8-13所示，需要在左侧的表格中找出一天有两场以上预约的日期，并将结果返回到F列中。

预约单号	技师	预约项目	预约日期		一天有两场以上预约的日期
10023001	红景	美甲半贴	9月22日		
10023002	丁香	美甲全贴	9月29日		
10023003	木棉	单根美睫嫁接	9月23日		
10023004	茉莉	足部美甲	9月24日		
10023005	银杏	浓密款美睫	9月30日		
10023006	玉簪	美甲全贴	9月25日		
10023007	红景	美甲全贴	9月26日		
10023008	牡丹	单根美睫嫁接	9月30日		
10023009	丁香	美甲全贴	9月23日		
10023010	芙蓉	美甲全贴	9月24日		
10023011	红景	浓密款美睫	9月27日		
10023012	玉簪	美甲全贴	9月28日		
10023013	红景	美甲半贴	9月23日		
10023014	茉莉	足部美甲	9月22日		

打开

图 8-13　打开一个工作表

172

步骤 02 打开ChatGPT的聊天窗口，在输入框中输入关键词"在Excel工作表中，A1:D15单元格为预约资料，其中D2:D15单元格为预约日期，需要找出一天有两场以上预约的日期，并将结果返回至F列单元格中，该如何使用函数编写公式？"，如图8-14所示。

图 8-14 输入关键词

步骤 03 按【Enter】键发送，ChatGPT即可根据输入的内容编写公式，如图8-15所示。

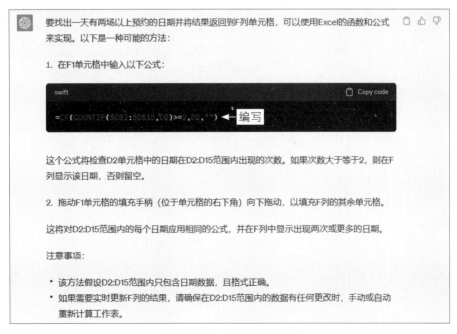

图 8-15 ChatGPT 编写的公式

步骤 04 复制ChatGPT编写的公式，返回Excel工作表，在F2单元格中粘贴：=IF(COUNTIF($D$2:$D$15,D2)>=2,D2,"")，如图8-16所示。

	A	B	C	D	E	F
	SUM		fx	=IF(COUNTIF($D$2:$D$15,D2)>=2,D2,"")		
1	预约单号	技师	预约项目	预约日期		一天有两场以上预约的日期
2	10023001	红景	美甲半贴	9月22日		=IF(COUNTIF($D$2:$D$15,D2)>=2,D2,"")
3	10023002	丁香	美甲全贴	9月29日		
4	10023003	木棉	单根美睫嫁接	9月23日		粘贴
5	10023004	茉莉	足部美甲	9月24日		
6	10023005	银杏	浓密款美睫	9月30日		
7	10023006	玉簪	美甲全贴	9月25日		
8	10023007	红景	美甲全贴	9月26日		
9	10023008	牡丹	单根美睫嫁接	9月30日		
10	10023009	丁香	美甲全贴	9月23日		
11	10023010	芙蓉	美甲全贴	9月24日		
12	10023011	红景	浓密款美睫	9月27日		
13	10023012	玉簪	美甲全贴	9月28日		
14	10023013	红景	美甲半贴	9月23日		
15	10023014	茉莉	足部美甲	9月22日		

图 8-16　粘贴复制的第 1 个公式

步骤 05 按【Enter】键确认，即可返回一串数字，如图8-17所示，之所以返回的不是日期，是因为没有设置单元格的格式。

	A	B	C	D	E	F
	F2		fx	=IF(COUNTIF($D$2:$D$15,D2)>=2,D2,"")		
1	预约单号	技师	预约项目	预约日期		一天有两场以上预约的日期
2	10023001	红景	美甲半贴	9月22日		45191
3	10023002	丁香	美甲全贴	9月29日		
4	10023003	木棉	单根美睫嫁接	9月23日		返回
5	10023004	茉莉	足部美甲	9月24日		
6	10023005	银杏	浓密款美睫	9月30日		
7	10023006	玉簪	美甲全贴	9月25日		
8	10023007	红景	美甲全贴	9月26日		
9	10023008	牡丹	单根美睫嫁接	9月30日		
10	10023009	丁香	美甲全贴	9月23日		
11	10023010	芙蓉	美甲全贴	9月24日		
12	10023011	红景	浓密款美睫	9月27日		
13	10023012	玉簪	美甲全贴	9月28日		
14	10023013	红景	美甲半贴	9月23日		
15	10023014	茉莉	足部美甲	9月22日		

图 8-17　返回一串数字

步骤 06 选择F2:F15单元格，打开"设置单元格格式"对话框，在其中设置单元格格式为"日期"格式，如图8-18所示。

图 8-18 设置单元格格式为"日期"格式

步骤 07 单击"确定"按钮，即可将数字格式修改为日期格式，如图8-19所示。

	A	B	C	D	E	F
1	预约单号	技师	预约项目	预约日期		一天有两场以上预约的日期
2	10023001	红景	美甲半贴	9月22日		9月22日
3	10023002	丁香	美甲全贴	9月29日		
4	10023003	木棉	单根美睫嫁接	9月23日		
5	10023004	茉莉	足部美甲	9月24日		
6	10023005	银杏	浓密款美睫	9月30日		
7	10023006	玉簪	美甲全贴	9月25日		
8	10023007	红景	美甲全贴	9月26日		
9	10023008	牡丹	单根美睫嫁接	9月30日		
10	10023009	丁香	美甲全贴	9月23日		
11	10023010	芙蓉	美甲全贴	9月24日		
12	10023011	红景	浓密款美睫	9月27日		
13	10023012	玉簪	美甲全贴	9月28日		
14	10023013	红景	美甲半贴	9月23日		
15	10023014	茉莉	足部美甲	9月22日		

F2 的公式为：=IF(COUNTIF($D$2:$D$15,D2)>=2,D2,"")

图 8-19 将数字格式修改为日期格式

步骤 08 执行操作后，将公式填充至F15单元格中，即可查找出重复的日期，如图8-20所示。

F2			× ✓ fx	=IF(COUNTIF($D$2:$D$15,D2)>=2,D2,"")		

	A	B	C	D	E	F
1	预约单号	技师	预约项目	预约日期		一天有两场以上预约的日期
2	10023001	红景	美甲半贴	9月22日		9月22日
3	10023002	丁香	美甲全贴	9月29日		
4	10023003	木棉	单根美睫嫁接	9月23日		9月23日
5	10023004	茉莉	足部美甲	9月24日		9月24日
6	10023005	银杏	浓密款美睫	9月30日		9月30日
7	10023006	玉簪	美甲全贴	9月25日		
8	10023007	红景	美甲全贴	9月26日		
9	10023008	牡丹	单根美睫嫁接	9月30日		9月30日
10	10023009	丁香	美甲全贴	9月23日		9月23日
11	10023010	芙蓉	美甲全贴	9月24日		9月24日
12	10023011	红景	浓密款美睫	9月27日		
13	10023012	玉簪	美甲全贴	9月28日		
14	10023013	红景	美甲半贴	9月23日		9月23日
15	10023014	茉莉	足部美甲	9月22日		9月22日

◄— 查找

图 8-20　查找出重复的日期

步骤09 如果只想查看唯一值，❶可以选择F2:F15单元格区域；❷在"数据"功能区的"数据工具"面板中单击"删除重复值"按钮，如图8-21所示。

图 8-21　单击"删除重复值"按钮

步骤10 弹出"删除重复值"对话框，单击"确定"按钮，如图8-22所示。

步骤11 执行上述操作后，即可删除F列中的重复值，并保留唯一值，如图8-23所示。

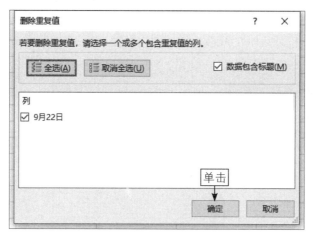

图 8-22　单击"确定"按钮

	A	B	C	D	E	F
1	预约单号	技师	预约项目	预约日期		一天有两场以上预约的日期
2	10023001	红景	美甲半贴	9月22日		9月22日
3	10023002	丁香	美甲全贴	9月29日		
4	10023003	木棉	单根美睫嫁接	9月23日		9月23日
5	10023004	茉莉	足部美甲	9月24日		9月24日
6	10023005	银杏	浓密款美睫	9月30日		9月30日
7	10023006	玉簪	美甲全贴	9月25日		
8	10023007	红景	美甲全贴	9月26日		
9	10023008	牡丹	单根美睫嫁接	9月30日		
10	10023009	丁香	美甲全贴	9月23日		
11	10023010	芙蓉	美甲全贴	9月24日		
12	10023011	红景	浓密款美睫	9月27日		
13	10023012	玉簪	美甲全贴	9月28日		
14	10023013	红景	美甲半贴	9月23日		
15	10023014	茉莉	足部美甲	9月22日		

图 8-23　删除下列中的重复值并保留唯一值

步骤12 如果是想查看一天有两场以上预约的项目是哪些，可以在找出重复值以后，❶选择F1单元格；❷在"数据"功能区中的"排序和筛选"面板中单击"筛选"按钮，如图8-24所示。

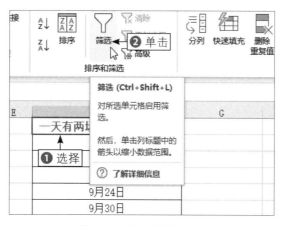

图 8-24　单击"筛选"按钮

步骤13 执行操作后，即可在F1单元格中添加一个筛选按钮▼，❶单击筛选按钮▼；❷在打开的下拉列表框中取消选择"空白"复选框，如图8-25所示。

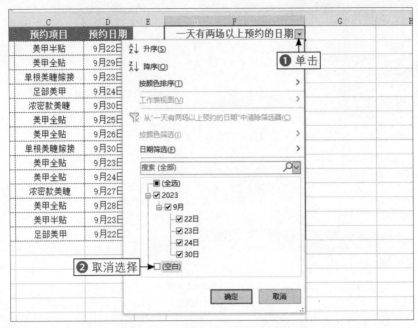

图 8-25 取消选择"空白"复选框

步骤14 单击"确定"按钮，即可筛选数据，表格中将只显示一天有两场预约以上的项目内容，如图8-26所示。

	A	B	C	D	E	F
	预约单号	技师	预约项目	预约日期		一天有两场以上预约的日期
2	10023001	红景	美甲半贴	9月22日		9月22日
4	10023003	木棉	单根美睫嫁接	9月23日		9月23日
5	10023004	茉莉	足部美甲	9月24日		9月24日
6	10023005	银杏	浓密款美睫	9月30日		9月30日
9	10023008	牡丹	单根美睫嫁接	9月30日		9月30日
10	10023009	丁香	美甲全贴	9月23日		9月23日
11	10023010	芙蓉	美甲全贴	9月24日		9月24日
14	10023013	红景	美甲半贴	9月23日		9月23日
15	10023014	茉莉	足部美甲	9月22日		9月22日

图 8-26 筛选数据

8.2.2 让 ChatGPT 分两步计算年龄与赠品

很多店铺在做活动时，为了回馈客户，一般会准备一些活动赠品，更细致一点的店铺还会根据不同的年龄段来准备不同的赠品。下面介绍让ChatGPT分两步计算年龄与赠品的操作方法。

扫码看教学视频

步骤 01 打开一个工作表，如图8-27所示，表格为店铺会员资料，对于20岁以下的会员将赠送卡通公仔，对于20岁以上的会员将赠送移动电源。

	A	B	C	D	E	F
1	会员编号	姓名	出生日期	手机号码	赠品	
2	133240	白芍娜	2005/3/12	130******21		
3	133241	陈皮薇	2000/4/3	151******20		
4	133242	陈皮倩	2008/10/5	133******54		
5	133243	白芍琳	1998/5/16	155******65		
6	133244	桂枝妍	1990/3/15	155******63		
7	133245	茯苓悦	2007/8/8	150******85		←打开
8	133246	甘草娜	2001/3/25	180******76		
9	133247	黄芪瑶	1996/9/3	181******64		
10	133248	桂枝婷	2003/5/5	139******52		
11	133249	川芎怡	2002/6/12	188******53		
12	133250	黄芩丝	1986/11/16	133******22		
13	133251	张小红	1995/8/4	152******43		
14	133252	李小明	2008/6/9	137******77		
15	133253	卢小丽	2008/8/21	138******85		
16	注：20岁以下赠送卡通公仔，20岁以上赠送移动电源					
17						

图 8-27 打开一个工作表

步骤 02 首先需要计算各会员的年龄，以便发放赠品时更加便利。打开ChatGPT的聊天窗口，在输入框中输入关键词"在Excel中，A1:D15单元格为会员资料，其中B2:B15单元格为姓名，C2:C15单元格为出生日期，需要计算出每个人的年龄，并显示结果为'名字（年龄）'，例如：张小红（28岁），该如何使用函数编写公式？"，如图8-28所示。

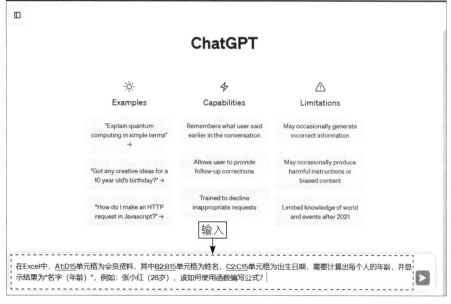

图 8-28 输入关键词

步骤03 按【Enter】键发送，ChatGPT即可根据输入的内容编写公式，如图8-29所示。

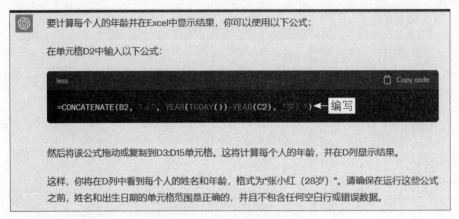

图 8-29　ChatGPT 编写的公式

步骤04 在输入框中继续输入"解释一下这个公式"，按【Enter】键发送，ChatGPT即可根据输入的内容解释编写的公式，回复如图8-30所示。

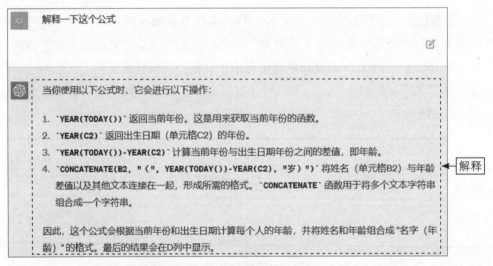

图 8-30　ChatGPT 解释编写的公式

★ 专 家 提 醒 ★

一般 ChatGPT 编写公式后会对公式进行简单的解释，如果用户看不懂公式的含义，可以像上文一样要求 ChatGPT 对公式进行解释说明。如果用户发现 ChatGPT 编写的公式不对，可以要求其重新编写公式。

步骤05 复制ChatGPT编写的公式，返回Excel工作表，❶选择F2:F15单元格；❷在编辑栏中粘贴复制的公式：=CONCATENATE(B2,"（",YEAR(TODAY())-YEAR(C2),"岁)")，如图8-31所示。

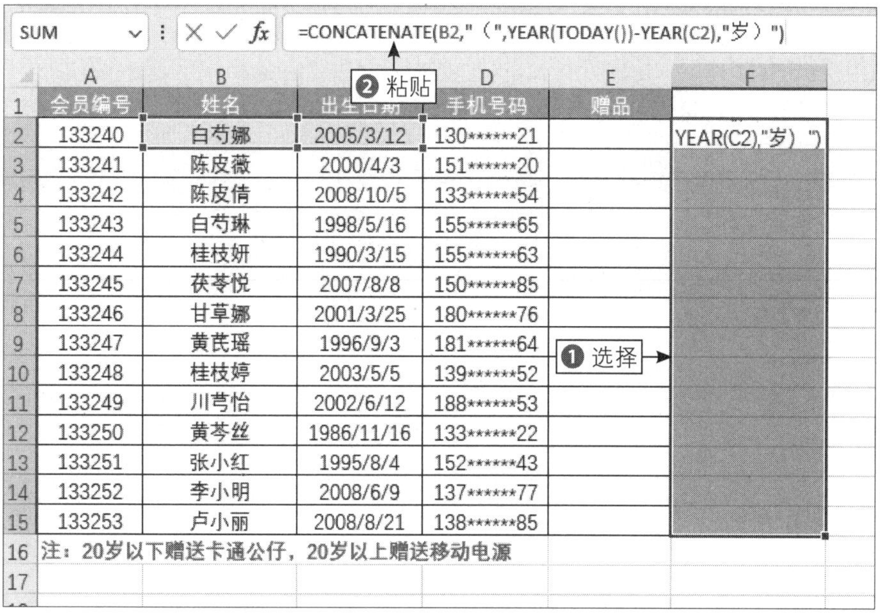

	A	B	C	D	E	F
1	会员编号	姓名	出生日期	手机号码	赠品	
2	133240	白芍娜	2005/3/12	130******21		YEAR(C2),"岁）")
3	133241	陈皮薇	2000/4/3	151******20		
4	133242	陈皮倩	2008/10/5	133******54		
5	133243	白芍琳	1998/5/16	155******65		
6	133244	桂枝妍	1990/3/15	155******63		
7	133245	茯苓悦	2007/8/8	150******85		
8	133246	甘草娜	2001/3/25	180******76		
9	133247	黄芪瑶	1996/9/3	181******64		
10	133248	桂枝婷	2003/5/5	139******52		
11	133249	川芎怡	2002/6/12	188******53		
12	133250	黄芩丝	1986/11/16	133******22		
13	133251	张小红	1995/8/4	152******43		
14	133252	李小明	2008/6/9	137******77		
15	133253	卢小丽	2008/8/21	138******85		
16	注：20岁以下赠送卡通公仔，20岁以上赠送移动电源					
17						

图 8-31　粘贴复制的公式

步骤06 按【Ctrl+Enter】组合键确认，即可返回计算结果，如图8-32所示，可以看到返回的结果为“名字（年龄）”的格式。

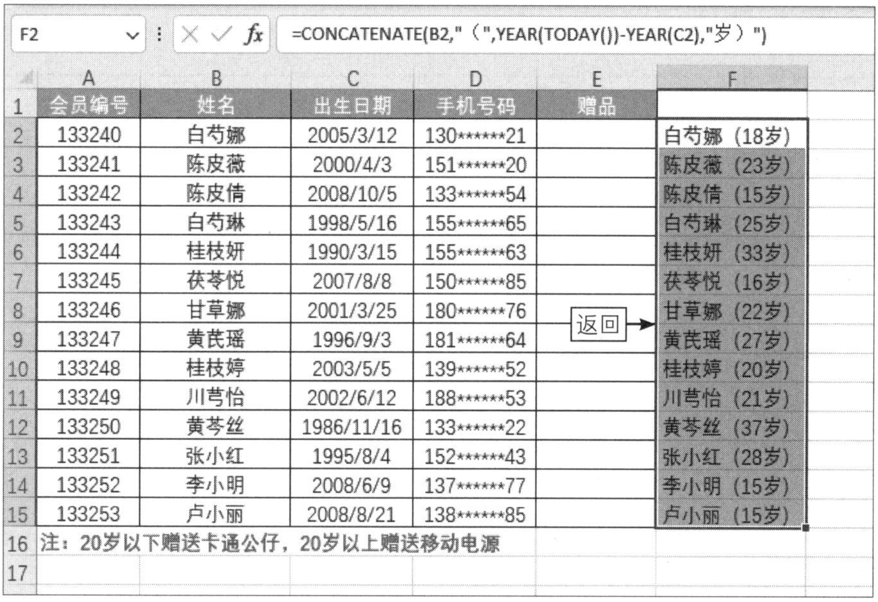

	A	B	C	D	E	F
1	会员编号	姓名	出生日期	手机号码	赠品	
2	133240	白芍娜	2005/3/12	130******21		白芍娜（18岁）
3	133241	陈皮薇	2000/4/3	151******20		陈皮薇（23岁）
4	133242	陈皮倩	2008/10/5	133******54		陈皮倩（15岁）
5	133243	白芍琳	1998/5/16	155******65		白芍琳（25岁）
6	133244	桂枝妍	1990/3/15	155******63		桂枝妍（33岁）
7	133245	茯苓悦	2007/8/8	150******85		茯苓悦（16岁）
8	133246	甘草娜	2001/3/25	180******76		甘草娜（22岁）
9	133247	黄芪瑶	1996/9/3	181******64		黄芪瑶（27岁）
10	133248	桂枝婷	2003/5/5	139******52		桂枝婷（20岁）
11	133249	川芎怡	2002/6/12	188******53		川芎怡（21岁）
12	133250	黄芩丝	1986/11/16	133******22		黄芩丝（37岁）
13	133251	张小红	1995/8/4	152******43		张小红（28岁）
14	133252	李小明	2008/6/9	137******77		李小明（15岁）
15	133253	卢小丽	2008/8/21	138******85		卢小丽（15岁）
16	注：20岁以下赠送卡通公仔，20岁以上赠送移动电源					
17						

图 8-32　返回计算结果

步骤07 ❶按【Ctrl+C】组合键复制F2:F15单元格；❷并将其粘贴至B2:B15单元格中，此时B列和F列都会显示数据乱码；❸单击“粘贴选项”按钮(Ctrl)；❹在弹出的快捷菜单中单击“值”图标，如图8-33所示，即可完整显示姓名和年龄。

图8-33 单击"值"图标

步骤 08 执行操作后，清空F列中的数据，接下来需要在E列判断每个成员该送什么礼品。打开ChatGPT的聊天窗口，在输入框中再次输入关键词"在Excel中，C2:C15单元格为出生日期，20岁以下赠送卡通公仔，20岁以上赠送移动电源，该如何编写公式进行判断？判断结果将显示在E2:E15单元格区域中"，如图8-34所示。

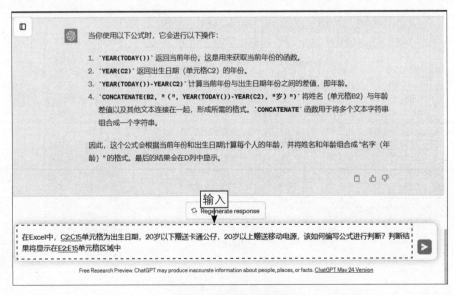

图8-34 再次输入关键词

★ **专家提醒** ★

如果用户对ChatGPT的回复不满意，可以单击Regenerate response（重新生成响应）按钮重新生成回复。

步骤09 按【Enter】键发送，ChatGPT即可根据输入的内容编写判断公式，如图8-35所示。

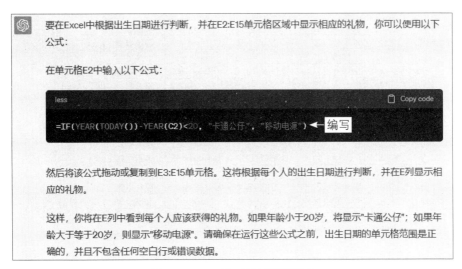

图 8-35　ChatGPT 编写的判断公式

步骤10 复制ChatGPT编写的判断公式，返回Excel工作表，❶选择E2:E15单元格；❷在编辑栏中粘贴复制的判断公式：=IF(YEAR(TODAY())-YEAR(C2)<20,"卡通公仔","移动电源")，如图8-36所示。

| SUM | fx | =IF(YEAR(TODAY())-YEAR(C2)<20,"卡通公仔","移动电源") |

❷粘贴

	A	B	C	D	E	F
1	会员编号	姓名	出生日期	手机号码	赠品	
2	133240	白芍娜（18岁）	2005/3/12	130******21	源")	
3	133241	陈皮薇（23岁）	2000/4/3	151******20		
4	133242	陈皮倩（15岁）	2008/10/5	133******54		
5	133243	白芍琳（25岁）	1998/5/16	155******65		
6	133244	桂枝妍（33岁）	1990/3/15	155******63		
7	133245	茯苓悦（16岁）	2007/8/8	150******85		
8	133246	甘草娜（22岁）	2001/3/25	180******76		
9	133247	黄芪瑶（27岁）	1996/9/3	181******64		
10	133248	桂枝婷（20岁）	2003/5/5	139******52		❶选择
11	133249	川芎怡（21岁）	2002/6/12	188******53		
12	133250	黄芩丝（37岁）	1986/11/16	133******22		
13	133251	张小红（28岁）	1995/8/4	152******43		
14	133252	李小明（15岁）	2008/6/9	137******77		
15	133253	卢小丽（15岁）	2008/8/21	138******85		
16	注：20岁以下赠送卡通公仔，20岁以上赠送移动电源					
17						

图 8-36　粘贴复制的判断公式

步骤11 执行上述操作后，按【Ctrl+Enter】组合键确认，即可返回判断结果，如图8-37所示。

E2		✕ ✓ *fx*	=IF(YEAR(TODAY())-YEAR(C2)<20,"卡通公仔","移动电源")			
	A	B	C	D	E	F
1	会员编号	姓名	出生日期	手机号码	赠品	
2	133240	白芍娜（18岁）	2005/3/12	130******21	卡通公仔	
3	133241	陈皮薇（23岁）	2000/4/3	151******20	移动电源	
4	133242	陈皮倩（15岁）	2008/10/5	133******54	卡通公仔	
5	133243	白芍琳（25岁）	1998/5/16	155******65	移动电源	
6	133244	桂枝妍（33岁）	1990/3/15	155******63	移动电源	
7	133245	茯苓悦（16岁）	2007/8/8	150******85	卡通公仔	
8	133246	甘草娜（22岁）	2001/3/25	180******76	移动电源	
9	133247	黄芪瑶（27岁）	1996/9/3	181******64	移动电源	
10	133248	桂枝婷（20岁）	2003/5/5	139******52	移动电源	
11	133249	川芎怡（21岁）	2002/6/12	188******53	移动电源	
12	133250	黄芩丝（37岁）	1986/11/16	133******22	移动电源	
13	133251	张小红（28岁）	1995/8/4	152******43	移动电源	
14	133252	李小明（15岁）	2008/6/9	137******77	卡通公仔	
15	133253	卢小丽（15岁）	2008/8/21	138******85	卡通公仔	
16	注：20岁以下赠送卡通公仔，20岁以上赠送移动电源					
17						

←返回

图 8-37　返回判断结果

8.2.3　用 ChatGPT 跨表找出重复项

扫码看教学视频

在Excel中如果想要跨表找出重复项，比较简单直接的方法就是通过宏来自动执行操作，还可以用ChatGPT来编写宏代码，这是一种比较省时、省事且稳妥的方法。下面介绍用ChatGPT跨表找出重复项的操作方法。

步骤 01 打开一个工作簿，其中有两个工作表，如图8-38所示，需要在"表1"工作表中找出与"表2"工作表中重复的景点，并用红色字体高亮显示。

	A	B	C	D	E	F
1	序号	地点	景点安排	用时	交通	
2	1	北京	故宫	2小时	地铁1号线	
3	2	北京	天安门广场	1小时	步行	
4	3	北京	王府井步行街	2小时	步行	
5	4	北京	天坛公园	3小时	地铁5号线	
6	5	北京	圆明园	2小时	出租车	
7	6	北京	颐和园	4小时	地铁4号线、公交车	

	A	B	C	D	E	F
1	序号	地点	景点安排	用时	交通	
2	1	北京	故宫	2小时	出租车	
3	2	北京	王府井步行街	2小时	出租车	
4	3	北京	798艺术区	2小时	出租车	
5	4	北京	后海	2小时	公交车、步行	
6	5	北京	颐和园	4小时	地铁4号线、公交车	
7	6	北京	南锣鼓巷	2小时	步行	

表1　表2

图 8-38　打开工作簿中的两个工作表

步骤 02 打开ChatGPT的聊天窗口，在输入框中输入关键词"在Excel工作簿中有'表1'和'表2'两个工作表，需要在'表1'工作表的C2:C7单元格中找出与'表2'工作表重复的内容，并用红色字体高亮显示，该如何编写宏代码？"，如图8-39所示。

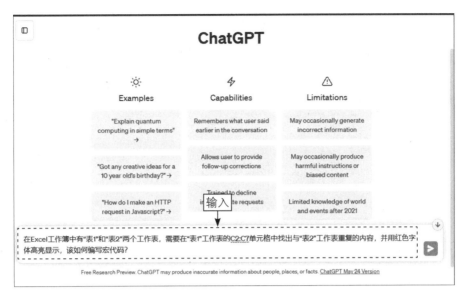

图 8-39　输入关键词

步骤 03 按【Enter】键发送，ChatGPT即可根据提问编写宏代码，如图8-40所示。

图 8-40　ChatGPT 编写的宏代码

步骤 04 复制编写的宏代码，返回Excel工作表，打开VBA编辑器，插入一个新的模块，在其中粘贴复制的宏代码，如图8-41所示。

```
  8.2.3 用ChatGPT跨表找出重复项.xlsx - 模块1 (代码)
(通用)                                    HighlightDuplicates
Sub HighlightDuplicates()
    Dim ws1 As Worksheet, ws2 As Worksheet
    Dim rng1 As Range, rng2 As Range, cell As Range

    ' 设置表格和范围
    Set ws1 = ThisWorkbook.Sheets("表1")
    Set ws2 = ThisWorkbook.Sheets("表2")
    Set rng1 = ws1.Range("C2:C7")
    Set rng2 = ws2.UsedRange

    ' 清除之前的高亮显示
    rng1.Font.Color = vbBlack

    ' 遍历"表1"中的每个单元格
    For Each cell In rng1                          ← 粘贴
        ' 检查是否在"表2"中找到重复值
        If WorksheetFunction.CountIf(rng2, cell.Value) > 0 Then
            ' 高亮显示重复值
            cell.Font.Color = vbRed
        End If
    Next cell
End Sub
```

图8-41　粘贴复制的宏代码

步骤05 单击"运行子过程/用户窗体"按钮▷，或按【F5】键运行宏，关闭VBA编辑器，即可在"表1"工作表中找出重复项并高亮显示，如图8-42所示。

	A	B	C	D	E	F
1	序号	地点	景点安排	用时	交通	
2	1	北京	故宫	2小时	地铁1号线	
3	2	北京	天安门广场	1小时	步行	
4	3	北京	王府井步行街	2小时	步行	
5	4	北京	天坛公园	3小时	地铁5号线	
6	5	北京	圆明园	2小时	出租车	
7	6	北京	颐和园	4小时	地铁4号线、公交车	
8						
9			↑ 显示			

表1　表2　+

图8-42　找出重复项并高亮显示

8.2.4　用 ChatGPT 标记大于 500 的值

扫码看教学视频

在Excel中标记指定的值，可以通过"条件格式"功能来执行，同样也可以用ChatGPT来编写宏代码，使工作表可以自动化执行任务。下面介绍用ChatGPT标记指定的值的操作方法。

步骤01 打开一个工作表，如图8-43所示，需要用红色的字体标记出表格中销量大于500的单元格。

步骤02 打开ChatGPT的聊天窗口，在输入框中输入关键词"在Excel工作表中，B列为销量，需要用红色的字体标记出销量大于500的单元格，该如何编写宏代码？"，如图8-44所示。

	A	B	C	D
1	商品名称	销量(件)	销售员	
2	电视机	495	雪松	
3	洗衣机	520	毛茛	
4	空调	480	海棠	
5	冰箱	505	竹子	
6	微波炉	498	荷花	
7	电饭煲	502	银杏	
8	电磁炉	510	绿萝	
9	吸尘器	497	紫藤	
10	加湿器	499	红萼	
11				

图 8-43　打开一个工作表

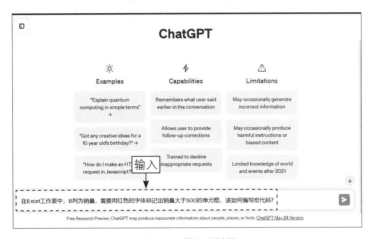

图 8-44　输入关键词

步骤 03 按【Enter】键发送，ChatGPT即可根据提问编写宏代码，如图8-45所示。

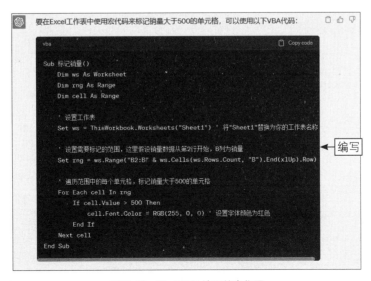

图 8-45　ChatGPT 编写的宏代码

187

步骤04 复制编写的宏代码，返回Excel工作表，打开VBA编辑器，插入一个新的模块，在其中粘贴复制的宏代码，如图8-46所示。

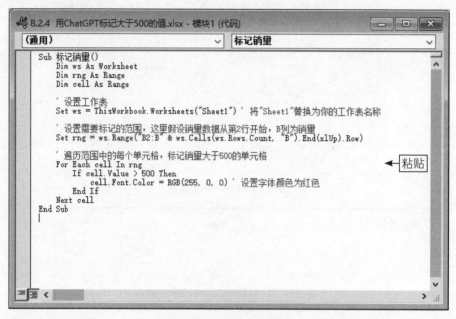

图8-46 粘贴复制的宏代码

步骤05 单击"运行子过程/用户窗体"按钮▶，或按【F5】键运行宏，切换至工作表，即可看到销售表中大于500的值都被标记成了红色字体，如图8-47所示。

	A	B	C	D
1	商品名称	销量(件)	销售员	
2	电视机	495	雪松	
3	洗衣机	520	毛茛	
4	空调	480	海棠	
5	冰箱	505	竹子	
6	微波炉	498	荷花	
7	电饭煲	502	银杏	
8	电磁炉	510	菠萝	
9	吸尘器	497	紫藤	
10	加湿器	499	红苓	
11				

图8-47 用红色字体标记大于 500 的值

步骤06 返回VBA编辑器，单击"保存"按钮 ，如图8-48所示。

步骤07 执行操作后，即可弹出Microsoft Excel对话框，单击"否"按钮，如图8-49所示。

步骤08 弹出"另存为"对话框，展开"保存类型"下拉列表框，在其中选择"Excel启用宏的工作簿（*.xlsm）"选项，如图8-50所示。

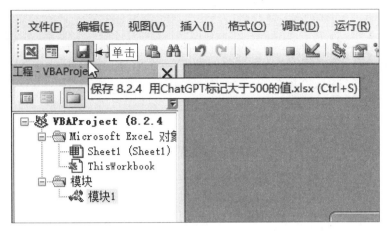

图8-48 单击"保存"按钮

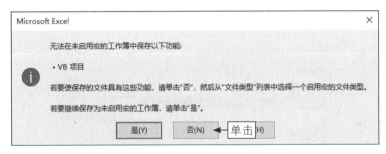

图8-49 单击"否"按钮

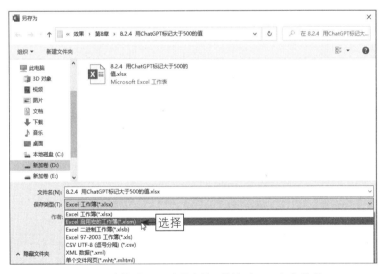

图8-50 选择"Excel 启用宏的工作簿（*.xlsm）"选项

步骤 09 执行操作后，即可更改文件的保存格式，单击"保存"按钮，将宏文件保存在文件夹中，如图8-51所示。

步骤 10 关闭VBA编辑器，在"开发工具"功能区的"代码"面板中，单击"宏"按钮，如图8-52所示。

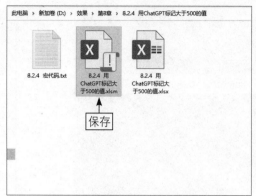

图 8-51 将宏文件保存在文件夹中

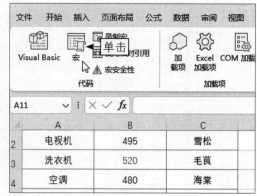

图 8-52 单击"宏"按钮

步骤11 弹出"宏"对话框,其中显示了保存的宏,如图8-53所示。单击"执行"按钮,即可在工作表中再次执行宏任务。

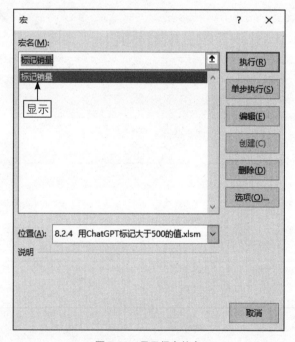

图 8-53 显示保存的宏

本章小结

本章首先介绍了让ChatGPT检查和查找数据的操作方法,包括由ChatGPT协助检查数据、让ChatGPT自主判断如何查找表格数据的操作方法;然后介绍了让ChatGPT协助办公的操作方法,包括用ChatGPT从表格中找出重复的数据、让ChatGPT分两步计算年龄与赠品、用ChatGPT跨表找出重复项及用ChatGPT标记大于500的值等。通过对本章的学习,希望读者能够更好地掌握用ChatGPT高效办公的方法。

课后习题

鉴于本章知识的重要性，为了帮助读者更好地掌握所学知识，本节将通过课后习题，帮助读者进行简单的知识回顾和补充。

1. 使用ChatGPT在如图8-54所示的工作表中，根据地区对销量进行升序排序。

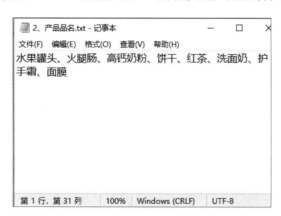

	A	B	C	D	E	F
1	编号	地区	销售组	姓名	销量	
2	230001	广东	1组	周荷花	180	
3	230002	广东	2组	曹玫瑰	115	
4	230003	海南	2组	铁海棠	80	
5	230004	海南	3组	木棉花	150	
6	230005	海南	1组	柴月季	135	
7	230006	福建		梁兰	140	
8	230007	福建	3组	杨小红	95	
9	230008	广东	3组	刘大明	100	
10	230009	福建	1组	李丽丽	105	
11	230010	广东	2组	王晓晓	125	
12						
13						

扫码看教学视频

图 8-54　需要根据地区对销量进行升序排序

2. 使用ChatGPT根据如图8-55所提供的产品品名，生成一个保质期时间表格。

2、产品品名.txt - 记事本

文件(F)　编辑(E)　格式(O)　查看(V)　帮助(H)

水果罐头、火腿肠、高钙奶粉、饼干、红茶、洗面奶、护手霜、面膜

第 1 行，第 31 列　　100%　　Windows (CRLF)　　UTF-8

扫码看教学视频

图 8-55　产品品名